建筑设计与工程技术研究

张利民　赵红红　刘明宝◎主编

四川科学技术出版社

图书在版编目（CIP）数据

建筑设计与工程技术研究 / 张利民，赵红红，刘明
宝主编 . -- 成都 : 四川科学技术出版社 , 2024. 11.
ISBN 978-7-5727-1594-5

Ⅰ . TU

中国国家版本馆 CIP 数据核字第 2024RF8724 号

建筑设计与工程技术研究

JIANZHU SHEJI YU GONGCHENG JISHU YANJIU

主　　编	张利民　赵红红　刘明宝
出 品 人	程佳月
责任编辑	钱思佳
助理编辑	杨小艳　廖存燕
选题策划	鄢孟君
封面设计	星辰创意
责任出版	欧晓春
出版发行	四川科学技术出版社
	成都市锦江区三色路 238 号　邮政编码　610023
	官方微博　http://weibo.com/sckjcbs
	官方微信公众号　sckjcbs
	传真　028-86361756
成品尺寸	170 mm × 240 mm
印　　张	8
字　　数	160 千
印　　刷	三河市嵩川印刷有限公司
版　　次	2024 年 11 月第 1 版
印　　次	2024 年 11 月第 1 次印刷
定　　价	62.00 元

ISBN 978-7-5727-1594-5

邮　　购：成都市锦江区三色路 238 号新华之星 A 座 25 层　邮政编码：610023
电　　话：028-86361770

编委会

主　编

张利民　济南市长清建筑设计研究院

赵红红　日照市政务服务中心

刘明宝　山东建筑大学鉴定检测中心有限公司

副主编

周永明　东营市市政工程设计院有限公司

前　言
PREFACE

　　建筑业作为我国国民经济发展的支柱产业之一，长期以来为国民经济的发展作出了突出的贡献。特别是进入21世纪以后，建筑业发生了巨大的变化，我国的建筑施工技术水平跻身于世界先进行列，在解决重大项目的科研攻关中得到了长足的发展，我国的建筑施工企业已成为发展经济、建设国家的一支重要的有生力量。

　　随着社会的发展，城市化进程的加快，建筑领域科技的进步，市场竞争将日趋激烈。此外，伴随着全球一体化进程的加快，我国建筑施工企业面对的不再是单一的国内市场，跨国、跨地区、跨产业的竞争模式逐渐成为一种新的竞争手段，建筑业对人才质量的要求也越来越高。

　　在科学发展观的引导下，我国建筑业正在向健康的方向发展。在此过程中，相关工作人员需要对建筑设计与工程技术进行不断的创新，并结合整体发展趋势，提出新的发展观念。无论是在设计方面，还是在技术方面，都需要对其进行不断的优化，提高整体发展水平。在建筑业不断发展的过程中，社会经济效益与企业的经济效益是相互关联的，其中起导向作用的是质量和价格。对于建筑业而言，建筑设计与工程技术需要重视的内容是建筑的质量和安全，建筑的质量直接影响企业的信誉。为了满足现代社会对于建筑工程工作的要求，相关工作人员需要与时代接轨，不断对建筑设计与工程技术进行创新和改革，为企业创造良好的发展空间，促进企业健康、稳定发展。

　　在我国建筑业建设规模日益扩大的背景下，为了保证我国建筑业健康、稳定与可持续发展，需要不断提高建筑设计人员的设计水平以及现场施工人员的技术水平。为此，本书主要对建筑设计与工程技术的相关内容进行深入研究。本书内容有四章，首先对建筑设计的内涵进行了简要介绍，其次对海绵城市建设在工程设计中的应用进行了探索，再次对建筑工程施工技术进行了详细分析，最后对建筑工程施工组织设计与进度控制进行了研究。本书内容翔实，实用性强，可供建筑设计及施工领域的管理人员与专业技术人员参考。

目录
CONTENTS

第一章 建筑设计的内涵

第一节　建筑的基本构成要素

建筑要能够满足人的使用要求,还需要技术的支撑,同时建筑往往还涉及艺术。建筑虽因社会的发展而变化,但功能、技术、艺术这三者始终是构成一个建筑物的基本内容。公元前1世纪,罗马一位名叫维特鲁威的建筑师提出了"实用、坚固、美观"的建筑三原则。

一、建筑的功能

建筑可以按不同的使用要求分为居住、教育、交通、医疗等类型,但各种类型的建筑都应该满足下述的基本功能要求。

(一)人体活动尺度的要求

人在建筑所形成的空间里活动,人体的各种活动尺度与建筑空间有着十分密切的关系,为了使建筑满足人们使用活动的需要,设计师首先应该熟悉人体活动的一些基本尺度。

(二)人的生理要求

人的生理要求主要包括对建筑物的朝向、保温、防潮、隔热、隔声、通风、采光、照明等方面的要求,它们都是满足人们生产或生活所必需的条件。随着物质技术水平的提高,满足上述生理要求的可能性将会日益增大,如改进材料的各种物理性能,使用机械辅助通风代替自然通风等。

(三)人的活动对空间的要求

建筑按使用性质的不同可以分为居住、教育、演出、医疗、交通等多种类型,无论哪一种类型的建筑,都包含使用空间和流线空间这两个基本组成部分,并需要这两者合理组织与配合,才能全面满足建筑的功能使用要求。使用空间的大小和形状、空间围护、活动需求、空间联系等,因不同的建筑类型而有不同的要求。流线空间则要根据实际使用所要求的具体通行能力和人在心理或视觉上的主观感受来考虑和设计。

总的来说,各种类型的建筑在使用上常具有不同的特点,如影剧院建筑中观众的视听感受,图书馆建筑中图书的出纳管理,一些实验室对温度、湿度的要求等,它们直接影响建筑的功能使用。

二、建筑的物质技术

建筑的物质技术条件主要是指房屋用什么建造和怎样去建造的问题。它一般包括建筑的结构、材料、施工等。

(一)建筑结构

结构是建筑的骨架,它为建筑提供合理的使用空间并承受建筑物的全部荷载,抵抗可能由于风雪、地震、土壤沉陷、温度变化等引起的对建筑的损坏。结构的坚固程度直接影响建筑物的安全和寿命。

柱、梁板结构和拱券结构是人类最早采用的三种结构形式,由于天然材料的限制,从前它们的应用局限性较大。现今利用钢和钢筋混凝土可以使柱、梁和拱的跨度大大增加,它们仍然是目前最为常用的结构形式。

随着科学技术的进步,人们能够对建筑结构的受力情况进行分析和计算,因此相继出现了支架、钢架和悬挑结构。

(二)建筑材料

建筑材料对于结构的发展具有重要意义,砖的出现,使得拱券结构得以发展,钢和水泥的出现,促进了高层框架结构和大跨度空间结构的发展,而塑胶材料则带来了面目全新的充气建筑。

材料对建筑的装修和构造也十分重要,玻璃的出现解决了建筑的大部分采光问题,油毡的出现解决了平屋顶的防水问题,而胶合板和各种其他材料的饰面板则正在取代各种抹灰中的湿操作。

建筑材料基本可分为天然的和非天然的两大类,它们各自又包括许多不同的品种。为了"物尽其用",需要了解建筑对材料有哪些要求以及不同材料的特性。

(三)建筑施工

通过施工,我们可以把建筑物设计变为现实。建筑施工一般包括两个方面:一是施工技术,包括人的操作熟练程度,施工工具和机械、施工方法等;二是施工组织,包括材料的运输、进度的安排、人力的调配等。

由于建筑的体量庞大,类型繁多,同时又具有艺术创作的特点,几个世纪以来,建筑施工一直处于手工业和半手工业状态,直到20世纪初,建筑才开始了装配化、机械化和工厂化的进程。

装配化、机械化和工厂化可以大大提高建筑施工的速度,但它们必须以设计的定型化作为前提。近年来,我国大中城市中的一些民用建筑,正逐步形成设计与施工配套的全装配大板、框架挂板、现浇大模板等工业化体系。

三、建筑的美感

建筑形象可以简单地解释为建筑的观感或美观问题。

如前所述,建筑构成日常生活的物质环境,同时又以它的艺术形象给人以精神上的感受。绘画是通过颜色和线条表现的,音乐是通过音阶和旋律表现的,那么什么是建筑形象的表现手段呢?

建筑是可供人们使用的空间,建筑的外在形态以及建筑的材料所表现的色彩和质感,光线和光影关系都是构成建筑形象的基本手段。和其他造型艺术一样,建筑形象的问题涉及文化传统、民族风格、社会思想意识等多方面,并不单纯是一个美观的问题。一个良好的建筑形象首先就应该是美观的。对于设计初学者,在运用这些表现手段时应该注意一些基本原则,包括比例、尺度、均衡、对比等。

建筑艺术的特征是艺术与功能的结合。我们说某个建筑很有艺术性,无论是它的比例、尺度、虚实还是层次等,都做得很好,很有美感,但它终究还是一个实用对象。住宅就要满足人们的居住要求,教学楼就要满足各种教学要求,火车站则要满足交通运输的要求,等等,并且这种建筑的功能性是建造建筑的主要目的。

功能、技术和形象这三者的关系是目的、手段和表现形式的关系。对于一个建筑师来说,重要的课题就是如何处理好这三者之间的关系。

第二节　建筑设计的要求及理念发展

一、设计工作

(一)设计工作在基本建设中的作用

一项建筑工程,从拟订计划到建成使用,通常需要经历计划审批、基地选定、征用土地勘测设计、施工安装、竣工验收、交付使用等步骤。这就是一般所说的"基本建设程序"。

建筑由于涉及功能、技术和艺术,同时又具有工程复杂、工种多、材料和劳力消耗量大、工期长等特点,在建设过程中需要多方面协调配合。建筑物在建造之前要按照建设任务的要求,对在施工过程中和建成后的使用过程中可能发生的矛盾和问题,事先做好通盘的考虑,拟定出切实可行的实施方案,并用图纸和文件将它表达出来,作为施工的依据,这是一项十分重要的工作。这一工作过程通常被称为建筑工程设计。

一项经过周密考虑的设计,不仅能为施工过程中备料和工种配合提供依据,而且更可能使工程在建成之后获得良好的经济效益、环境效益和社会效益,因此,可以说"设计是工程的灵魂"。

(二)建筑工程设计的内容与专业分工

在科技日益发达的今天,建筑所包含的内容日益复杂,与建筑相关的学科也越来越多。一项建筑工程的设计工作常常涉及建筑结构、给水、排水、暖气通风、电气、煤气、消防、自动控制等,因此,一项建筑工程设计需要多工种分工协作才能完成。目前,我国的建筑工程设计通常由建筑设计、结构设计、设备设计三个专业工种组成。

(三)建筑设计的任务

建筑设计作为整个建筑工程设计的组成之一,它的任务是合理安排建筑内部的各种使用功能和使用空间;协调建筑与周围环境、各种外部条件的关系;解决建筑内外空间的造型问题;采取合理的技术措施,选择适用的建筑材料;综合协调与各种设备相关的技术问题。

建筑设计要全面考虑环境、功能、技术、艺术等方面的问题,可以说是建筑工程的战略决策,是其他工种设计的基础。做好建筑设计,除需要遵循建筑工程本身的规律外,还必须认真贯彻国家的方针、政策。只有这样,才能使所设计的建筑物达到适用、经济、坚固、美观的目的。

二、建筑设计的一般要求和依据

(一)建筑标准化

建筑标准化是建筑工业化的组成部分之一,是装配式建筑的前提。建筑标准化一般包括以下两项内容:一是建筑设计方面的有关条例,如建筑法规、建筑设计规范、建筑标准、定额与技术经济指标等;二是推广标准设计,包括构配件的标准设计、房屋的标准设计和工业化建筑体系设计等。

1.标准构件与标准配件

标准构件是房屋的受力构件,如楼板、梁、楼梯等;标准配件是房屋的非受力构件,如门窗等。标准构件与标准配件一般由国家或地方设计部门进行编制,供设计人员选用,同时也为加工生产单位提供依据。

2.标准设计

标准设计包括整个房屋的设计和标准单元的设计两个部分。标准设计一般由地方设计院进行编制,供建筑单位选择使用。整个房屋的标准设计一般只进行地上部分,地下部分的基础与地下室由设计单位根据当地的地质勘探资料另行出图。标准单元设计一般是平面图的一个组成部分,应用时一般进行拼接,形成一个完整的建筑组合体。标准设计在大量性建造的房屋中应用比较普遍,如住宅等。

3.工业化建筑体系

为了适应建筑工业化的要求,除考虑将房屋的构配件及水电设备等进行定型外,还应对构件的生产运输、施工现场吊装及组织管理等一系列问题进行通盘设计,做出统一规划,这样的通盘设计就是工业化建筑体系。

工业化建筑体系分为两种:通用建筑体系和专用建筑体系。通用建筑体系以构配件定型为主,各体系之间的构件可以互换,灵活性比较突出;专用建筑体系以房屋定型为主,构配件不能进行互换。

(二)建筑模数协调统一标准

为了实现设计的标准化,建筑设计必须使不同的建筑物及各部分之间的尺寸统一协调。

1.模数制

(1)基本模数

基本模数是建筑模数协调统一标准中的基本数值,用M表示,1 M=100 mm。

(2)扩大模数

扩大模数是导出模数的一种,其数值为基本模数的整数倍。为了减少类型、统一规格,扩大模数按3 M(300 mm)、6 M(600 mm)、12 M(1 200 mm)、15 M(1 500 mm)、30 M(3 000 mm)、60 M(6 000 mm)进行扩大,共6种。

(3)分模数

分模数是导出模数的另一种,其数值为基本模数的分数值。为了满足细小尺寸的需要,分模数按1/2 M(50 mm)、1/5 M(20 mm)和1/10 M(10 mm)取用。

2.三种尺寸

为了保证设计、构件生产、建筑制品等有关尺寸的统一与协调,建筑设计必须明确标志尺寸、构造尺寸和实际尺寸的定义及相互间的关系。

(1)标志尺寸

标志尺寸用以标注建筑物定位轴线之间的距离(如跨度、柱距、进深、开间、层高等),以及建筑制品构配件、有关设备界限之间的尺寸。标志尺寸应符合模数数列的规定。

(2)构造尺寸

构造尺寸是建筑制品、构配件等的设计尺寸。该尺寸与标志尺寸有一定的差额。相邻两个构配件的尺寸差额之和就是缝隙。构造尺寸加上缝隙尺寸等于标志尺寸。缝隙尺寸也应符合模数数列的规定。

(3)实际尺寸

实际尺寸是建筑制品、构配件等的实有尺寸,这一尺寸因生产误差造成与设计的构造尺寸间有差值。不同尺度和精度要求的制品与构配件均各有其允许差值。

(三)建筑设计的原则和要求

1.满足建筑物的功能要求

满足建筑物的功能要求,为人们的生产和生活活动创造良好的环境,是建筑设计的首要任务。例如设计学校,首先要考虑满足教学活动的需要,教室设置应分配合理,采光、通风良好,同时还要合理安排备课办公室、贮藏室和厕所等行政管理和辅助用房,并配置良好的室外活动场地等。

2.采用合理的技术措施

正确选用建筑材料,根据建筑空间组合的特点,选择合理的结构、施工方案,使房屋坚固耐久、建造方便。例如,近年来我国设计建造的一些覆盖面积较大的体育馆,其屋顶采用钢网架空间结构和整体提升的施工方法,既节省了建筑物的用钢量,又缩短了施工期限。

3.具有良好的经济效果

建造房屋是一个复杂的物质生产过程,需要耗费大量人力、物力和财力,在房屋的设计和建造中,要因地制宜、就地取材,尽量做到节省劳动力,节约建筑材料和资金。设计和建造房屋要有周密的计划和核算,重视经济领域的客观规律,讲究经济效果。房屋设计的使用要求和技术措施要和相应的造价、建筑标准统一起来。

4.考虑建筑的美观要求

建筑物是社会的物质和文化财富,它在满足使用要求的同时,还需要考虑人们对建筑物在美观方面的要求,考虑建筑物所赋予人们精神上的感受。建筑设计要努力创造具有我国时代精神的建筑空间组合与建筑形象。历史上创造的具有时代印记和特色的各种建筑形象,往往是一个国家、一个民族文化传统宝库中的重要组成部分。

5.符合总体的规划要求

单体建筑是总体规划的组成部分,单体建筑应符合总体规划提出的要求。建筑物的设计要充分考虑和周围环境的关系,如原有建筑的状况、道路的走向、基地面积大小及绿化和拟建建筑物的关系等。新设计的单体建筑应与基地形成协调的室外空间组合和良好的室外环境。

(四)建筑设计的依据

建筑设计是房屋建造过程中的一个重要环节,其工作是将有关设计任务的文字资料转变为图纸。在这个过程中,建筑设计必须贯彻国家的建筑方针和政策,并使建筑与当地的自然条件相适应。建筑设计是一个渐次进行的科学决策过程,必须在一定的基础上有依据地进行。现将建筑设计过程中所涉及的一些主要依据分述如下。

1.资料性依据

建筑设计的资料性依据主要包括3个方面,即人体工程学、各种设计的规范和建筑模数制的有关规定。

2.条件性依据

建筑设计的条件性依据,主要可分为气候条件与地质条件两个方面。

(1)气候条件

气候条件对建筑物的设计有较大影响。例如,湿热地区,房屋设计要考虑隔热、通风和遮阳等问题;干冷地区,通常希望把房屋设计得尽可能紧凑一些,以减少外围护面的散热,有利于室内采暖保温。

日照和主导风向通常是确定房屋朝向和间距的主要因素,风速是高层建筑、电视塔等设计中考虑结构布置和建筑体型的重要因素,雨雪量的多少对选用屋顶形式和构造也有一定的影响。设计师在设计前,需要收集与上述有关的气象资料,将其作为设计依据。

(2)地质条件

基地地形的平缓或起伏,基地的地质构成、土壤特性和地耐力的大小对建筑物的平面组合、结构布置和建筑体型都有明显的影响。坡度较陡的地形,常使房屋结合地形错层建造;复杂的地质条件,要求房屋的构成和基础的设置采取相应的结构构造措施。

地震烈度可以表示地面及房屋建筑遭受地震破坏的程度。在地震烈度6度以下地区,地震对建筑物的损坏影响较小。9度以上的地区,由于地震过于强烈,从经济因素及耗用材料考虑,除特殊情况外,一般应尽可能避免在这些地区建设建筑物。房屋抗震设防针对的是6、7、8、9度地震烈度的地区。

3.文件性依据

建筑设计的依据文件包括以下4种。

第一,主管部门有关建设任务使用要求、建筑面积、单方造价和总投资的批文,以及国家有关部委或各省、市、地区规定的有关设计定额和指标。

第二,工程设计任务书:由建设单位根据使用要求,提出各种房间的用途、面积大小及其他的一些要求,工程设计的具体内容、面积建筑标准等都需要与主管部门的批文相符合。

第三,城建部门同意设计的批文:内容包括用地范围(常用红线划定),以及有关规划、环境等城镇建设对拟建房屋的要求。

第四,委托设计工程项目表:建设单位根据有关批文向设计单位正式办理委托设计的手续。规模较大的工程还常采用投标的方式,委托中标单位进行设计。

设计人员根据上述设计的有关文件,通过调查研究,收集必要的原始数据和勘测设计资料,综合考虑总体规划、基地环境、功能要求、结构施工、材料设备、建筑经济及建筑艺术等方面的问题,进行设计并绘制成建筑图纸,编写主要设计意图说明书,其他工种也相应设计并绘制各类图纸,编制各工种的计算书、说明书,以及概算和预算书。

上述整套设计图纸和文件便成为房屋施工的依据。

三、建筑设计理念的发展与探索

当今人们对建筑的欣赏性、环保性、智能化等方面的要求越来越高,因此,设计师应该特别重视建筑设计理念的创新。能否大胆创新,决定了一个建筑设计师能否成功,也决定了今后建筑业设计理念的发展。

(一)建筑设计的意义

1.建筑设计与城市规划的关系

建筑设计是微观的,其研究对象是建筑物;而城市规划是对一定时期内城市的经济和社会发展空间布局,以及各项建设的综合部署、具体安排和实施管理,属于宏观的,其研究对象是整个城市和城市所在的区域。城市规划是建筑设计的前提与先导,而建筑设计则是城市规划在空间上的具体落实。从以下几方面可见建筑设计对城市规划的重要意义。

(1)场地绿化

新建筑物会侵占场地原有的植被。优秀的建筑设计可以使场地绿化更合理,从而创造出更有利于人们生活的区域。

(2)交通方面

好的建筑设计会在一定程度上缓解交通拥堵的压力,对环境污染也会起到相应的改善作用。

(3)能源方面

新建筑物对水、电、气、暖的需求量加大,同时也加剧了城市污水处理的压力。好的设计会将节能措施作为重要的设计考虑,减少能源的消耗。

（4）文脉

恶俗的设计会让城市文脉消减，甚至失去本有的特色。一个具有优秀外观造型的建筑，往往会成为一个城市的地标建筑。

（5）空间

优秀的空间设计能够吸引人们驻足或者休憩，带给人们美好的内心感受，甚至能引发人们的共鸣。一个优秀的社会公共空间，不仅能容纳人，更能促进公众活动。

评价建筑设计与城市规划关系的优劣，以上5条原则是建筑设计在城市规划的空间上最具体的体现。

2.建筑与社会文明的关系

建筑的构筑本身就已经集合了大量的物质资源，同时也凝结了无数人的智慧和劳动。在文明发展史上，许多的历史文化都是伴随着一些标志性建筑而流传下来的。

建筑的建造因其复杂性和长期性，往往会滞后于同期的科学文化发展。但是在思想文化方面，一个具有代表性的建筑往往会凝结某个时代最辉煌的文化艺术成果，甚至会超越自身形象而成为人类精神文明的象征流传千古。虽然建筑不会成为社会经济文化进步发展的先锋，但却会随着设计师或使用者思想的变化而变化，最终形成某个时代的鲜明特征，代表这个时代的辉煌或落寞。

虽然所有的建筑都改变不了最终湮灭的结局，但其在精神文明上的传承和影响却是长久存在的，建筑设计在文化和哲学上的意义是显而易见的。

3.建筑与人的关系

建筑设计面临的首要问题是功能，功能就是空间的使用者对空间环境的各种需求在建筑上的体现，包括生理上的和心理上的。有机地、立体地思考建筑空间功能，往往能创造出更富有意义的空间环境。

首先，人类大量的活动是在建筑中进行的，大部分与人生理有关的问题都需在建筑中得到解决，这是建筑设计要解决的第一个问题，也是人为创造的空间最原始的功能要求。

其次，作为高等动物的人，有着比其他生物对建筑空间更高的需求，比如人类的羞耻感，以及对空间隐秘性的需求，建筑设计要充分考虑这些需求。

最后,建筑设计需要满足人们的社会性需求和精神文化需求,比如特殊人群对某些特殊空间的特殊需求,这往往跟人们的社会背景、社会地位及其他某些特殊方面相匹配。

综上,功能所体现的就是设计师在充分考虑人群的普遍需求,再结合所了解到的人群的特殊需求的基础上,为使用者所创造的相对应的空间环境。使用者在这样的空间下进行社会活动,这样的空间的优缺点又会在生理、心理或文化习惯上影响人。

总之,建筑是为人服务的,人创造了建筑,而建筑又反过来影响人。

(二)建筑设计理念的发展与探索

1.绿色建筑设计

随着节能环保理念的推广,绿色建筑以其节能、低碳、环保的优势,在现代建筑设计中受到人们的重视。"绿色建筑"的"绿色",并不是指一般意义的立体绿化,而是指建筑对环境无害。绿色建筑就是能充分利用环境自然资源,并且在不破坏环境基本生态平衡的条件下建造的一种建筑,也称为可持续发展建筑、生态建筑、回归大自然建筑、节能环保建筑等。

绿色建筑设计不仅能够为人们提供舒适的生活空间,同时还能够促进人与自然的和谐相处,是实现建筑业可持续发展的根本所在。

2.建筑工业化

建筑工业化的目的是提高劳动生产效率,减少现场施工作业与人员投入,减少环境污染,节约能源和资源,促进建筑业产业转型与技术升级。建筑工业化最大的特点是体现建筑全生命周期的理念,将设计、施工环节一体化,使设计环节成为关键。设计环节不仅是设计蓝图至施工图的过程,而且是将构配件标准、建造阶段的配套技术建造规范等纳入设计方案的过程,从而使设计方案作为构配件生产标准及施工装配的指导文件。目前,我国的建筑设计与建筑施工技术水平已接近或达到发达国家技术水平。根据建筑技术可持续发展的需要,我们应积极探索建筑产业现代化发展,其中建筑工业化就是建筑产业现代化发展的一个重要方面。

3.建筑智能化

建筑智能化就是将建筑与通信、计算机网络等先进技术相互融合,将数字化技术融入建筑设计中。随着现代高科技信息技术的普及,建筑的智能化发展呈现不可逆转的趋势。

第三节　建筑设计的过程和内容

一、接受任务阶段、调查研究和现场踏勘

(一)接受任务阶段

接受任务阶段的主要工作是与业主接触,充分了解业主的要求,接受设计招标书(或设计委托书)及签署有关合同;了解设计要求和任务;从业主处获得项目立项批准文号、地形测绘图、用地红线、规划红线、建筑控制线及书面的设计要求等设计依据,并做好现场踏勘,收集较全面的第一手资料。

(二)调查研究

调查研究是设计之前较重要的准备工作,包括对设计条件的调研、与艺术创作有关的采风,以及与建筑文化内涵相关的田野调查等。

1.对设计条件的调研

对设计条件的调研主要包括以下几个方面:场地的地理位置,场地大小,场地的地形、地貌、地物和地质,周边环境条件与交通,城市的基础设施建设,等等。

市政设施,包括水源位置和水压、电源位置和负荷能力、燃气和暖气供应条件、场地上空的高压线、地下的市政管网等。

气候条件,如降水量、降雪、日照、无霜期、气温、风向、风压等。

水文条件,包括地下水位、地表水位的情况等。

地质情况,如溶洞地下人防工程滑坡、泥石流、地陷及下面岩石或地基的承载力等情况,还有该地的地震烈度和地震设防要求等。在建筑设计之初,应详细了解当地的抗震设防要求。

采光通风情况,如楼间距、房屋朝向、楼层高度、窗户位置和大小、户型开间与进深比例等。同时,需考虑周围建筑物遮挡情况,确保自然光和空气流通顺畅,创造健康舒适的环境。

2. 与艺术创作有关的采风

大多数门类的艺术在创作之初,艺术家都会进行采风,从生活当中为艺术创作收集素材,并获取创意和灵感。例如,贝聿铭在接受中国政府委托进行北京香山饭店的设计之初,就游历了苏州、杭州、扬州、无锡等城市,参观了各地有名的园林和庭院,收集了大量的第一手资料,经过加工和提炼后,融入其设计作品之中,使得中国本土的建筑艺术和文化在香山饭店这样的当代建筑中,重新焕发出炫目的光彩。

3. 与建筑文化内涵相关的田野调查

田野调查(田野考察)是民俗学或民族文化研究的术语,建筑的田野调查是将传统建筑作为一项民俗事项,进行全方位的考察,其特点是不仅考察建筑本身,还考察当地传统、使用者和风俗等与建筑的相互关系。在近代中国的民族复兴过程中,中国本土设计师不断尝试将中国传统建筑特点与当代建造技术相结合,产生了诸如中山纪念堂、中国美术馆、重庆人民大礼堂、天安门广场的人民英雄纪念碑等优秀作品。在当代建筑设计中,讲求建筑的"文脉"也成为建筑师的共识。

建筑的田野调查,就是把地方的、民族的传统建筑作为物质文化遗产进行研究,从中汲取营养,以便在创作中传承和发扬优秀民族文化遗产和地方特色,因为文化艺术作品越是民族的,就越是世界的。

(三)现场踏勘

现场踏勘是实地考察场地环境条件,依据地形测绘图,对场地的地形、地貌和地物进行核实和修正,以使设计能够切合实际。因为地形测绘图往往是若干年前测绘的,且能提供的信息有限;所以建筑设计不能仅凭测绘图作业,还必须进行现场踏勘。

1. 地形测绘图

现在建筑工程设计都使用电子版的地形测绘图,1个单位代表1m,我国的坐标体系是2000年国家大地坐标系。很多城市为减小变形偏差,还有自己的体系,称为城市坐标系。与数学坐标和计算机中CAD界面的坐标不同,其垂直坐标是X,横坐标是Y,在图纸上给建筑定位时,应将计算机中CAD界面的坐标值转换成测绘图的坐标体系,也就是将X和Y的数值互换。

2.地形、地貌和地物

地形是指地表形态,可以绘制在地形测绘图上。地貌不仅包括地形,还包括其形成的原因,如喀斯特地貌、丹霞地貌等。地物是地面上各种有形物(如山川、森林、建筑物等)和无形物(如省、县界等)的总称,泛指地球表面相对固定的物体。地形和地物大多以图例的方式反映在地形测绘图上。

3.高程

各测绘图上的高程(海拔)是统一的,如未说明,在我国都是以青岛黄海的平均海平面作为零点起算的。

二、立意与构思、设计概念的提取

(一)立意与构思的关系

立意,也称为意匠,是对建筑师设计意图的总概括,是对这座未来建成的建筑的基本想法,是构思的起始点,也就是建筑师在设计的初始阶段所引发的构思。立意,是作者创作意图的体现,是创作的灵魂。构思,是建筑设计师对创作对象确定立意后,围绕立意进行积极的、科学的发挥想象力的过程,是表达立意的手段与方法。

建筑既然是一种艺术创作,那么在建筑设计之初就有一个立意与构思的过程。建筑设计构思是建筑的个性思想性产生的初始条件,其要通过立意、构思和表达技巧等来实现,因此,建筑设计构思是一个由感性设计到理性设计的过程。

(二)当代建筑的立意特征

1.抽象化特征

建筑的功能性和技术性决定了建筑不像其他造型艺术那样"以形寓意",把塑造形体当作唯一的创作目的,它同时要对形体所产生的空间负责,而且从使用的角度看空间更重要一些。所以,建筑本身具有的审美观念与其他造型艺术相比,要抽象和含蓄得多。

建筑是通过自身的要素,如建筑的材料、结构形式和构造技术,以及建筑的空间和体量、光影与色彩等,来反映建筑师的个人气质与风格,反映社会和文化的发展状况的。

2.个性化特征

当代建筑的立意是个性化的。从需求层面而言，随着经济和生活水平的提高，人们不满足于大众化的、程式化的设计感，要求作品体现独特的构思和立意。从创作层面而言，构思是很主观化的，创作者的知识结构、情感、理念、意念等个人因素对构思起着主要作用。建筑的立意是建筑师的人生观、价值观、文化和专业素养的体现。设计作品的个性化取决于设计师个人的设计哲学和专业经历。

3.多元化特征

"建筑是社会艺术的形式"，建筑作品反映了社会生活的各个方面。在不同时代，建筑的立意和形式也不同，当代社会是一个开放的多元化社会，多民族文化共存且互相影响、互相融合，多种学科之间互相交叉与合作，各种学术流派和观念等也多种多样，因此当代建筑的立意具有多元化的特征。

（三）当代建筑立意的构思类型

当代建筑立意的内容和题材广泛，一般大型建筑设计立意和构思的主要目的是塑造建筑撼动人心的精神感召力和艺术感染力。当代建筑立意的构思类型可归纳为以下几种方向。

1.由结构和技术革新产生的立意

新的结构形式与技术措施会带来相应的新建筑理念和形式，因此建筑的结构和技术的革新会产生新的立意。20世纪初的工业革命不仅带来了新结构、新技术和新材料，而且带来了新的建筑形式——现代建筑。建筑结构和技术手段作为生产力的表现，是推动建筑发展的决定性力量。

2.从文脉场所精神入手产生的立意

区域地理气候条件的不同，会导致社会经济、文化习俗的差异，即文脉。场所精神是指建筑周围的环境氛围和历史沿革。建筑立意离不开它所处的场所的精神和文脉。例如北京奥运会主要场馆——鸟巢的设计，设计师为形象地表达奥运会的"和平、友谊、进步"这一抽象的理念，借助鸟巢这样一个具体的建筑形象来实现，它的形态如同孕育生命的"巢"，同时，更像一个摇篮，寄托着人类对未来的希望。在张艺谋导演的北京奥运会闭幕式演出上，馆内出现的具有主体造型的建筑，令人容易联想到"巴别塔"，在传说中，它是经过人类的团结合作才树立起来的丰碑。在这里，不同的艺术家都采用了象征的手法，来强调人类团结与和平的奥运主题,立意都是弘扬奥运精神,构思都是找到贴切立意的建筑形态。

3.从建筑与自然环境的关系入手产生的立意

如何将建筑融于自然,如何有效利用自然资源和节约能源,在建筑立意中已屡见不鲜。日本建筑师安藤忠雄设计的大阪府立飞鸟博物馆,就成功地创造出一个人与自然和人与人之间交流对话的场所。在博物馆设计中,设计师将其构思为一座阶梯状的小山,建筑顺应地形坡度,设计出一个庞大的阶梯式广场,且阶梯式广场又是博物馆的屋顶,这样一来,建筑如同大地的延伸,巨大的实体宛如山丘,建筑巧妙地衔接了自然环境。

4.从建筑与城市的对话入手产生的立意

城市是建筑的聚集地,建筑会对城市空间和景观产生影响。建筑师矶崎新设计的东京国际文化信息中心,其立意就是想给东京这样一个国际化的大都市注入活力和希望,因而利用一个在建筑内部开放的城市广场——"舟形"玻璃中庭给市民提供了一个非常有活力的活动场所。

5.从形式的内在逻辑入手产生的立意

以抽象的形式和逻辑作为建筑的主要立意,具有一定的实验性。如"水立方"的设计创意,"水立方"的方盒子外形能诠释中国文化中的"天圆地方""方形合院",并且能与椭圆形的"鸟巢"形成鲜明对比,以体现"阴与阳""乾与坤"和谐共存的东方文化。由ETFE(乙烯、四氟乙烯共聚物)膜围合的场馆空间,其内部就像一个奇幻的水下世界,十分契合游泳场馆的主题和特色。

三、概念性方案设计阶段

概念性方案设计主要适用于项目设计的初期,侧重于创意性和方向性,其是向政府或甲方直观地阐述方案的特点和发展方向,以便于进一步具体实施的过程性文件,常用于国内外各种建筑和规划项目的投标,因此其在深度上的要求相对宽松。

对于概念性方案设计的成果文件,目前行业和国家并没有相关的官方文件对深度和内容进行明确的规定,在执行上有一定的灵活性,设计师应当结合政府报批要求及公司内部要求,采用多样化的表现手法。为充分展示设计意图、特征和创新之处,可以有分析图、草图、总平面及单体建筑图、透视图,还可根据项目需要增加模型、幻灯片等。概念性方案设计的主要目的是帮助业主提出一个合理的设计任务书,以指导今后的设计工作。

四、方案设计阶段

建筑设计阶段包括方案设计、初步设计和施工图设计三个阶段。方案设计阶段主要是提出建造的设想;初步设计阶段主要是解决技术可行性问题,规模较大、技术含量较高的项目都要经过初步设计阶段;施工图设计阶段主要是提供施工建造的依据。

方案设计阶段是整个建筑设计过程中重要的初始阶段,方案设计阶段以建筑工种为主,其他工种为辅。建筑工种以各种图纸来表达设计思想为主,以文字说明为辅,而其他工种主要借助文字说明来阐述设计。建筑方案设计阶段主要解决建筑与城市规划、场地环境的关系,明确建筑的使用功能要求,进行建筑的艺术创作和文化特色打造等,为后续设计工作奠定好基础。

(一)方案设计的依据

1. 业主提供的文件资料

业主提供的文件资料是重要的设计依据之一,包括项目立项批准文件、设计要求(体现在设计任务书、设计委托书或设计合同等文件中)、地形测绘图(含红线)等。

2. 有关的国家标准、行业标准、地方条例和规定

设计依据可以理解为在法庭上能够作为证据的资料。在建筑的设计和建设过程中,可能出现意外事件、质量问题、责任事故和经济纠纷等,为分清利益方各自的责任和义务,这些文件相当重要。从这点上说,一些教材和设计参考资料等不能算作设计依据。

(二)设计指导思想

设计指导思想是整个设计与建造过程中遵循或努力实现的设计理念,如环保、节能和生态可持续发展等;也包括一些不能忽视和回避的设计原则,如安全牢固、经济技术和设计理念先进等,这些常被用作控制设计和建造质量的准则。

(三)设计成果

设计成果体现在设计的优点、特点和技术经济指标方面,体现在设计说明之中,也体现在各种设计图和表现图上。任何艺术作品都具备唯一性,有着与

众不同的艺术特点,这是在大型项目方案说明中会特别强调的内容。技术指标是指照度、室内混响和耐火极限这一类的技术参数;经济指标主要体现在有关用地指标和建筑面积及其分配等方面,这些指标都能反映设计的质量。方案设计阶段的图纸文件,有设计说明、建筑总平面图、立面图、剖面图和设计效果图等。

五、初步设计阶段和施工图设计阶段

(一)初步设计阶段

建筑规模较大、技术含量较高或较重要的建筑,应进行初步设计,以实现技术的可行性,并以此缩短设计和施工的整个周期。初步设计作为方案设计和施工图之间的过渡,用于技术论证和各专业的设计协调,其成果可作为业主采购招标的依据,且便于业主与设计方或不同设计工种在深入设计时的配合。

(二)施工图设计阶段

1.建筑工程全套施工图有关文件

合同要求所涉及的包括建筑专业在内的所有专业的设计图纸,含图纸目录、说明和必要的设备、材料表及图纸总封面;对于涉及建筑节能设计的专业,其设计说明应有建筑节能设计的专项内容。

2.建筑工程施工图的作用

全套建筑工程施工图是由包括建筑专业施工图在内的各专业工种的施工图组成的,是工程建造和造价预算的依据。

3.建筑专业施工图

建筑专业施工图应交代清楚以下内容,使得负责施工的单位和人员能够照图施工规范操作。

施工的对象和范围:交代清楚拟建建筑物的大小、数量、位置和场地处理等。

施工对象从场地到整个建筑直至各个重要细节(如一个栏杆甚至一根线条):施工对象的形状,施工对象的大小,施工对象的空间位置,建造和制作所用的材料,材料与构件的制作、安装固定和连接方法,对建造质量的要求。以上内容以图纸为主,以文字(设计说明及图中的文字标注)为辅。设计说明主要用于系统地阐述设计和施工要点,以弥补设计图纸表达的不足。

4.施工现场服务

施工现场服务是指勘察、设计单位按照国家、地方有关法律法规和设计合同约定,为工程建设施工现场提供的与勘察设计有关的技术交底、地基验槽、现场更改处理、工程验收(包括隐蔽工程验收)等服务工作。

(1)技术交底

技术交底也称图纸会审,工程开工前,设计单位应当参加建设单位组织的设计技术交底,结合项目特点和施工单位提交的问题,说明设计意图,解释设计文件,答复相关问题,对涉及工程质量安全的重点部位和环节的标注进行说明。

(2)地基验槽

地基验槽是由建设单位组织建设单位、勘察单位、设计单位、施工单位、监理单位的项目负责人或技术质量负责人共同进行的检查验收,评估地基是否满足设计和相关规范的要求。

(3)现场更改处理

设计更改。若设计文件不能满足有关法律法规、技术标准、合同要求,或者建设单位因工程建设需要提出更改要求,则应当由设计单位出具设计修改文件(包括修改图或修改通知)。

技术核定。对施工单位因故提出的技术核定单内容进行校核,由项目负责人或专业负责人进行审批并签字,加盖设计单位技术专用章。

(4)工程验收

设计单位相关人员应当按照规定参加工程验收。参加工程验收的人员应当查看现场,必要时查阅相关施工记录,并依据工程监理对现场落实设计要求情况的结论性意见,提出设计单位的验收意见。

第二章 海绵城市建设在工程设计中的应用

第一节 海绵城市建设对工程设计的要求

本节以海绵城市低影响开发雨水系统为例展开阐述。

一、工程设计的基本要求

在进行海绵城市低影响开发雨水系统设计过程中,要充分考虑整个城市的多方面影响因素,结合城市总体规划与专项规划,有针对性地进行。城市建筑与小区、道路、绿地与广场、水系的低影响开发雨水系统建设项目,应以相关职能主管部门、企事业单位作为责任主体,落实有关低影响开发雨水系统的设计。城市规划建设相关部门应在城市规划、施工图设计审查、建设项目施工、监理、竣工验收备案等管理环节,加强对低影响开发雨水系统建设情况的审查。适宜作为低影响开发雨水系统构建载体的新建、改建、扩建项目,应在园林、道路交通、排水、建筑等各专业设计方案中明确体现低影响开发雨水系统的设计内容,落实低影响开发控制目标,其设计基本要求如下。

低影响开发雨水系统的设计目标应满足城市总体规划、专项规划等相关规划提出的低影响开发控制目标与指标要求,并结合气候、土壤及土地利用等条件,合理选择单项或组合的以雨水渗透、储存、调节等为主要功能的技术及设施。

低影响开发设施的规模应根据设计目标,经水文、水力计算得出。有条件的应通过模型模拟对设计方案进行综合评估,并结合技术经济分析确定最优方案。

低影响开发雨水系统设计的各阶段均应体现低影响开发设施的平面布局、竖向构造,及其与城市雨水管渠系统和超标雨水径流排放系统的衔接关系等内容。

低影响开发雨水系统的设计与审查(规划总图审查、方案及施工图审查)应与园林绿化、道路交通、排水、建筑等专业相协调。

二、设计流程

海绵城市低影响开发雨水系统设计包括现状评估、设计目标、方案设计、竖向设计、模拟分析、设施布局与规模以及技术可行论证等方面。

三、建筑与小区设计

建筑屋面和小区路面径流雨水应通过有组织的汇流与转输,经截污等预处理后引入绿地内的以雨水渗透、储存、调节等为主要功能的低影响开发设施。因空间限制等原因不能满足控制目标的建筑与小区,径流雨水还可通过城市雨水管渠系统引入城市绿地与广场内的低影响开发设施。低影响开发设施的选择应因地制宜、经济有效、方便易行,比如结合小区绿地和景观水体优先设计生物滞留设施、渗井、湿塘和雨水湿地等。

(一)场地设计

应充分结合地形地貌现状进行场地设计与建筑布局,保护并合理利用场地内原有的湿地、坑塘、沟渠等。

应优化不透水硬化面与绿地空间布局,建筑、广场、道路周边宜布置可消纳径流雨水的绿地。建筑、道路、绿地等竖向设计应有利于径流汇入低影响开发设施。

低影响开发设施的选择除生物滞留设施、雨水罐、渗井等小型、分散的低影响开发设施外,还可结合集中绿地设计渗透塘、湿塘、雨水湿地等相对集中的低影响开发设施,并衔接整体场地竖向与排水设计。

景观水体补水、循环冷却水补水、绿化灌溉、道路浇洒用水等非传统水资源宜优先选择雨水。按绿色建筑标准设计的建筑与小区,其非传统水资源利用率应满足现行《绿色建筑评价标准》的要求。

有景观水体的小区,景观水体宜具备雨水调蓄功能。景观水体的规模应根据降雨规律、水面蒸发量、雨水回用量等,通过全年水量平衡分析确定。

雨水进入景观水体之前应设置前置塘、植被缓冲带等预处理设施,同时可采用植草沟转输雨水,以降低径流污染负荷。景观水体宜采用非硬质池底及生态驳岸,为水生动植物提供栖息或生长条件,并通过水生动植物对水体进行净化,必要时可采取人工土壤渗滤等辅助手段对水体进行循环净化。

(二)建筑设计

屋顶坡度较小的建筑可采用绿色屋顶,绿色屋顶的设计应符合现行《屋面工程技术规范》的规定。

宜用雨落管断接或设置集水井等方式将屋面雨水断接并引入周边绿地内小型、分散的低影响开发设施,或通过植草沟、雨水管渠将雨水引入场地内的集中调蓄设施。

应优先选择对径流雨水水质没有影响或影响较小的建筑屋面及外装饰材料。

水资源紧缺地区可考虑优先将屋面雨水进行集蓄回用,净化工艺应根据回用水水质要求和径流雨水水质确定。雨水储存设施可结合现场情况选用雨水罐、地上或地下蓄水池等设施。当建筑层高不同时,可将雨水集蓄设施设置在较低楼层的屋面上,收集较高楼层建筑屋面的径流雨水,从而借助重力供水而节省能量。

应限制地下空间的过度开发,为雨水回补地下水提供渗透路径。

(三)小区道路设计

道路横断面设计应优化道路横坡坡向、路面与道路绿化带及周边绿地的竖向关系等,便于径流雨水汇入绿地内低影响开发设施。

路面排水宜采用生态排水的方式。路面雨水首先汇入道路绿化带及周边绿地内的低影响开发设施,并通过设施内的溢流排放系统与其他低影响开发设施或城市雨水管渠系统、超标雨水径流排放系统相衔接。

路面宜采用透水铺装,透水铺装路面设计应满足路基、路面强度和稳定性等要求。

(四)小区绿化设计

绿地在满足改善生态环境、美化公共空间、为居民提供游憩场地等基本功能的前提下,应结合绿地规模与竖向设计,在绿地内设计可消纳屋面、路面、广场及停车场径流雨水的低影响开发设施,并通过溢流排放系统与城市雨水管渠系统和超标雨水径流排放系统有效衔接。

道路径流雨水进入绿地内的低影响开发设施前,应利用沉淀池、前置塘等对进入绿地内的径流雨水进行预处理,防止径流雨水对绿地环境造成破坏。有降雪的城市还应采取措施对含融雪剂的融雪水进行弃流,弃流的融雪水宜经处理(如沉淀等)后排入市政污水管网。

低影响开发设施内植物宜根据水分条件、径流雨水水质等进行选择,宜选择耐盐、耐淹、耐污等能力较强的乡土植物。

四、城市道路设计

城市道路径流雨水应通过有组织的汇流与转输,经截污等预处理后引入道路红线内、外绿地内,并通过设置在绿地内的以雨水渗透、储存、调节等为主要功能的低影响开发设施进行处理。低影响开发设施的选择应因地制宜、经济有效、方便易行,比如结合道路绿化带和道路红线外绿地,优先设计下沉式绿地、生物滞留带、雨水湿地等。

城市道路应在满足道路基本功能的前提下达到相关规划提出的低影响开发控制目标与指标要求。为保障城市交通安全,在低影响开发设施的建设区域,城市雨水管渠和泵站的设计重现期、径流系数等设计参数应按《室外排水设计标准》(GB 50014—2021)中的相关标准执行。

道路人行道宜采用透水铺装,非机动车道和机动车道可采用透水沥青路面或透水水泥混凝土路面。透水铺装设计应满足国家有关标准规范的要求。

道路横断面设计应优化道路横坡坡向、路面与道路绿化带及周边绿地的竖向关系等,便于径流雨水汇入低影响开发设施。

规划作为超标雨水径流行泄通道的城市道路,其断面及竖向设计应满足相应的设计要求,并与区域整体内涝防治系统相衔接。

路面排水宜采用生态排水的方式,也可利用道路及周边公共用地的地下空间设计调蓄设施。路面雨水宜首先汇入道路红线内绿化带,当红线内绿地空间不足时,可由政府主管部门协调,将道路雨水引入道路红线外城市绿地内的低影响开发设施进行消纳。当红线内绿地空间充足时,也可利用红线内低影响开发设施消纳红线外区域的径流雨水。低影响开发设施应通过溢流排放系统与城市雨水管渠系统相衔接,保证上下游排水系统的顺畅。

城市道路绿化带内低影响开发设施应采取必要的防渗措施,防止径流雨水下渗对道路路面及路基的强度和稳定性造成破坏。

城市道路经过或穿越水源保护区时,应在道路两侧或雨水管渠下游设计雨水应急处理及储存设施。雨水应急处理及储存设施的设置,应具有截污与防止在发生事故情况下泄漏的有毒有害化学物质进入水源保护地的功能,可采用地上式或地下式。

在道路径流雨水进入道路红线内、外绿地内的低影响开发设施前,应利用沉淀池、前置塘等对进入绿地内的径流雨水进行预处理,防止径流雨水对绿地环境造成破坏。有降雪的城市还应采取相应措施对含融雪剂的融雪水进行弃流,弃流的融雪水宜经处理(如沉淀等)后排入市政污水管网。

低影响开发设施内植物宜根据水分条件、径流雨水水质等进行选择,宜选择耐盐、耐淹、耐污等能力较强的乡土植物。

城市道路低影响开发雨水系统的设计应满足现行《城市道路工程设计规范》的相关要求。

五、城市绿地与广场设计

城市绿地、广场及周边区域径流雨水应通过有组织的汇流与转输,经截污等预处理后引入城市绿地内的以雨水渗透、储存、调节等为主要功能的低影响开发设施,消纳自身及周边区域径流雨水,并衔接区域内的雨水管渠系统和超标雨水径流排放系统,提高区域内涝防治能力。低影响开发设施的选择应因地制宜、经济有效、方便易行,比如湿地公园和有景观水体的城市绿地与广场宜设计雨水湿地、湿塘等。

城市绿地与广场应在满足自身功能(如吸热、吸尘、降噪等生态功能,为居民提供游憩场地和美化城市等功能)的条件下,达到相关规划提出的低影响开发控制目标与指标要求。

城市绿地与广场宜利用透水铺装、生物滞留设施、植草沟等小型、分散式低影响开发设施消纳自身径流雨水。

城市湿地公园、城市绿地中的景观水体等宜具有雨水调蓄功能。通过雨水湿地、湿塘等集中调蓄设施,消纳自身及周边区域的径流雨水,构建多功能调蓄水体,并通过调蓄设施的溢流排放系统与城市雨水管渠系统和超标雨水径流排放系统相衔接。

规划承担城市排水防涝功能的城市绿地与广场,其总体布局、规模、竖向设计应与城市内涝防治系统相衔接。

城市绿地与广场内湿塘、雨水湿地等雨水调蓄设施应采取水质控制措施,利用雨水湿地、生态堤岸等设施提高水体的自净能力,有条件的可设计人工土壤渗滤等辅助设施对水体进行循环净化。

限制地下空间的过度开发,为雨水回补地下水提供渗透路径。

周边区域径流雨水在进入城市绿地与广场内的低影响开发设施前,应利用沉淀池、前置塘等进行预处理,防止径流雨水对绿地环境造成破坏。有降雪的城市还应采取措施对含融雪剂的融雪水进行弃流,弃流的融雪水宜经处理(如沉淀等)后排入市政污水管网。

低影响开发设施内植物宜根据设施水分条件、径流雨水水质等进行选择,宜选择耐盐、耐淹、耐污等能力较强的乡土植物。

城市公园绿地低影响开发雨水系统设计应满足现行《公园设计规范》的相关要求。

六、城市水系设计

城市水系设计应根据其功能定位、水体现状、岸线利用现状及滨水区现状等,进行合理保护、利用和改造,在满足雨洪行泄等功能条件下,实现相关规划提出的低影响开发控制目标及指标要求,并与城市雨水管渠系统和超标雨水径流排放系统有效衔接。主要应注意如下几点。

根据城市水系的功能定位、水体水质等级与达标率、保护或改善水质的制约因素与有利条件、水系利用现状及存在问题等因素,合理确定城市水系的保护与改造方案,使其满足相关规划提出的低影响开发控制目标与指标要求。

保护现状河流、湖泊、湿地、坑塘、沟渠等城市自然水体。

充分利用城市自然水体设计湿塘、雨水湿地等具有雨水调蓄与净化功能的低影响开发设施,湿塘和雨水湿地的布局、调蓄水位等应与城市上游雨水管渠系统、超标雨水径流排放系统及下游水系相衔接。

规划建设新的水体或扩大现有水体的水域面积,应与低影响开发雨水系统的控制目标相协调,增加的水域宜具有雨水调蓄功能。

充分利用城市水系滨水绿化控制线范围内的城市公共绿地,在绿地内设计湿塘、雨水湿地等设施调蓄、净化径流雨水,并与城市雨水管渠的水系入口、经过或穿越水系的城市道路的排水口相衔接。

滨水绿化控制线范围内的绿化带接纳相邻城市道路等不透水面的径流雨水时,应设计为植被缓冲带,以削减径流流速和污染负荷。

有条件的城市水系,其岸线应设计为生态驳岸,并根据调蓄水位变化选择适宜的水生及湿生植物。

城市水系低影响开发雨水系统的设计应满足现行《城市防洪工程设计规范》的相关要求。

(一)城市河流的生态防洪设计

确保城市河流的防洪功能是城市河流景观建设的前提与保障,海绵城市河流生态防洪设计应体现生态防洪的治水理念。在城市上游规划季节性滞洪湿地,营造微地形,调整用地结构,充分发挥天然的蓄水容器(水网、植被、土壤、凹地)的蓄水功能,尽可能滞蓄洪水。洪水过后,又从这些蓄水容器中不断对河流进行补充,保障河流基本需水量。基于生态防洪理念,为了满足河流防洪和景观兼顾的要求,应针对城市河流的河道断面设计一个能够常年保证有水的河道及能够适应不同水位、水量的河床。

1. 河道断面设计

(1)复式河道断面

它是我国北方城市河流使用最广的河道断面形式,能较好地解决河流景观和城市防洪的矛盾。主河槽在行洪或蓄水时,既能保证有一定的水深,又能为鱼类、昆虫、两栖动物的生存提供基本条件,同时能满足一定年限的防洪要求。主河槽两岸的滩地在洪水期间行洪,平时则成为城市中理想的绿化敞开空间,具有很好的亲水性和亲绿性,能满足居民休闲、游憩、娱乐的需要。主河槽宽度与深度根据防洪要求及城市景观而确定,大体分为两种,即单槽复式河道断面和双槽复式河道断面。单槽复式河道断面多用于较窄的河道,可采用翻板闸、滚水坝或橡胶坝蓄水,也可不蓄水。双槽复式河道断面多用于较宽的河道,较宽的河槽用于蓄水,较窄的河槽用于满足常年河道径流。河道内两侧绿化可根据水利行洪要求设置一、二级台地,以适应防洪及景观规划的布局和要求。

(2)梯形河道断面

适用于水位变化不大的河流或蓄水段河道,正常水位以下采用矩形干砌石断面,正常水位以上可采用铅丝笼覆土或其他生态斜坡护岸,以创造生物栖息的水陆交接地带,有利于堤防的防护和生态环境的改善。为增加城市居民的亲水性,该梯形断面两侧可根据周边用地拓展部分浅水区域,创造丰富的生物栖息场所和亲水空间。

2. 河岸平面线形的修复

天然的河流有凹岸和凸岸,有浅滩和沙洲,既为各种生物创造了适宜的生境,又降低了河水流速,可以蓄洪涵水,削弱洪水的破坏力。因此,为了保留城市河流的景观价值和生态功能,河道走向应尽量保持河道的自然弯曲,营造出接近自然的河流形态,不强求顺直。河岸平面线形修复的主要措施如下。

恢复河流蜿蜒曲折的形态,宜弯则弯,河岸边坡有陡有缓,堤线距水面应有宽有窄。在一定长度内,使水流速度有快有慢,在岸边可以造成滞流、回流,以便动物的生长繁殖。

恢复河道的连续性,拆除废旧拦河坝、堰,将直立的跌水改为缓坡,并在落差大的断面(如水坝)设置专门的鱼道。

重现水体流动多样性,人工营造出的浅滩、河底埋入自然石头、修建的丁坝、鱼道等有利于形成水的紊流。

利用与河流连接的湖泊、荒滩等进行滞洪。在保持河道平面的曲折变化的同时,在纵面规划中还要保留自然状态下交替出现的深潭和浅滩,保留河岸树林、陡坡、河滩洼地等,以增加河流生态系统的生物多样性,为鱼类等水生生物提供良好的生境异质性,并尽可能不设挡水建筑物,以确保河流的连续性和鱼类的通道。

(二)改善河流水体环境的设计

1.控污和截污

河流污染治理必须加强源头控制,对工业废水、生活污水和垃圾进行妥善处理。一般治理措施分为工程措施和非工程措施。

(1)工程措施

建造河流截污管网工程和污水处理厂。在河流两岸的滨河路下或在河道内修建截污管涵,将城市河流两岸污水截留送到污水处理厂,经过达标处理后中水回用或再汇入河道。

建立垃圾处置收集系统,把原先堆放在河岸边的垃圾进行集中收集处理,使垃圾入河现象得到有效控制。

(2)非工程措施

加强各类重点污染源的综合整治。

全面提高市民保护河流生态环境的意识。

把河道整治与沿河土地开发相结合,避免过度开发。

整体规划,统一管理。

2.生物治污,恢复河水自净能力

对城市段河流或河流流域加强生态和景观协同的规划,实现生物治污和恢复河水自净能力的效果。主要措施如下。

保护和恢复水生植物。

构建水生动物的栖息生境。

建造人工湿地和恢复水体周边的岸边湿地,实现对污水的节流和净化。

合理采用水体生态-生物修复技术。

3.保证河流生态环境需水量

对于河流生态系统来说,为保持系统的生态平衡,必须维持一部分有质量保证的水量,以满足河流本身、河岸带及其周围环境之间的物质、能量及信息交换功能即河流生态环境功能的需要。

对于城市季节性河流来说,生态环境需水主要包括维持自身生态系统平衡所需的水量,蒸发、渗漏量及河岸绿地需水量等。其中,蒸发、渗漏、绿地需水量都可以定量计算出来,而维持自身生态系统平衡所需的水量较难计算,至今没有统一的标准。根据国内外经验,多年平均径流量的10%将提供维持水生栖息地的最低标准,多年平均径流量的20%将提供适宜标准。因此,在河流恢复设计中,要保证河流平均径流量在10%以上,维持河流生态系统的基本需水要求。

(三)生态堤岸的设计

生态堤岸是改造原有护岸结构,修建生态型护岸的理想形式。按所用主要材料的不同,生态堤岸设计模式可分为刚性堤岸、柔性堤岸和刚柔结合型堤岸。

1.刚性堤岸

刚性堤岸主要由刚性材料,如块石、混凝土块、砖、石笼、堆石等构成,但建造时不用砂浆,而是采用干砌的方式,留出空隙,以利于滨河植物的生长。随着时间的推移,堤岸会逐渐呈现出自然的外貌。刚性堤岸的形式主要有台阶式、斜坡式、垂直挡墙式、亲水平台式等。刚性堤岸可以抵抗较强的水流冲刷,且相对占地面积小,适合于用地紧张的城市河流。其不足之处在于:可能会破坏河岸的自然植被,导致现有植被覆盖和自然控制侵蚀能力的丧失,同时人工的痕迹也比较明显。刚性堤岸设计模式主要用于景点、节点等的亲水空间,一般占整个治理河流岸线的比例较低,主要是丰富河流堤岸景观,为游人创造宜人的亲水空间。

2. 柔性堤岸

柔性堤岸可分为两类:自然原型堤岸和自然改造型堤岸。自然原型堤岸是将适于滨河地带生长的植被种植在堤岸上,利用植物的根、茎、叶来固堤。该类型适合于用地充足、岸坡较缓、侵蚀不严重的河流,或人工设置的浅水区、湖泊,是最接近自然状态的河岸,生态效益最好。自然改造型堤岸主要用植物切枝、枯枝或植株,并与其他材料相结合来防止侵蚀、控制沉积,同时为生物提供栖息地。该类型可适当弥补自然原型堤岸的不足,增强堤岸抗冲刷、抗侵蚀的能力。

3. 刚柔结合型堤岸

刚柔结合型堤岸综合了以上两种堤岸的优点,具有人工结构的稳定性和自然的外貌,见效快、生态效益好,尤其适合我国北方地区城市河流堤岸的改造。城市河流较常用的堤岸有铅丝石笼覆土堤岸、格宾石笼覆土堤岸、植物堆石堤岸和插孔式混凝土块堤岸等几种形式。

(四)河岸植被缓冲带的设计

河岸植被缓冲带是位于水面和陆地之间的过渡地带。呈带状的邻近河流的植被带是介于河流和高地植被之间的生态过渡带。河岸植被缓冲带能为水体与陆地交错区域的生态系统形成过渡缓冲,将自然灾害的影响或潜在的对环境质量的威胁加以缓冲,能有效地过滤地表污染物,防止其流入河流对水体造成污染。河岸植被缓冲带能为动植物的生存创造栖息空间,提高河流生物与河流景观的多样性,还能起到稳定河道、减小灾害的作用,并能作为临水敞开空间,是市民休闲娱乐、游憩健身、认识自然、感受自然的理想场所。科学地设计缓冲带是使河流景观恢复的重要基础,设计师在设计中要充分考虑选址、植被的宽度和长度、植被的组成等因素。

1. 河岸植被缓冲带的选址

合理地设置缓冲带的位置是保证其有效拦截雨水径流的先决条件。根据实际地形,缓冲带一般设置在坡地的下坡位置,与径流流向垂直布置。在坡地长度允许的情况下,可以沿等高线多设置几条缓冲带,以削减水流的冲刷能量。如果选址不合理,大部分径流会绕过缓冲带,直接进入河流,其拦截污染物的作用就会大大减弱。一般的做法是沿河流全段设置宽度不等的河岸植被缓冲带。

2.河岸植被缓冲带的宽度

到目前为止,研究人员还没有得到一个比较统一的河岸植被缓冲带的有效宽度。根据国内外对河岸植被缓冲带的研究,考虑满足动植物迁移和传播、生物多样性保护功能及能有效截留过滤污染物等因素,目前我国普遍使用30 m宽的河岸植被缓冲带作为缓冲区的最小值。当宽度大于30 m时,能有效地起到降低温度、增加河流中食物的供应和有效过滤污染物等作用;当宽度大于80 m时,能较好地控制水土流失和河床沉积。

3.河岸植被缓冲带的结构

目前,我国已治理的城市河流大都留出了一定宽度的植被缓冲带,但是树种结构或较为单一,或硬化面积比重过大,或仅注重园林植物的层次搭配、色彩呼应,植被缓冲带的植被结构较少考虑植被缓冲带综合功能的发挥。河岸植被缓冲带通常由三部分组成。紧邻水边的河岸区一般需要至少10 m的宽度,植被缓冲带包括本地成熟林带和灌丛,不同种类的组合形成一个长期而稳定的落叶群落。对该区的管理强调稳定性,保证植被不受干扰。位于中部的中间区,位于河岸区和外部区之间,是植物品种最为丰富的地区,以乔木为主,利用稳定的植物群落来过滤和吸收地表径流中的污染物质,同时结合该地区的地形地貌,设置基础服务设施,满足游人游憩、休闲等户外活动的需求。根据河流级别、保护标准、土地利用情况,中间区的宽度一般为30～100 m。外部区位于河岸带缓冲系统的最外侧,是三个区中最远离水面的区域,同时是与周围环境接触密切的地区,主要作用是拦截地表径流,减缓地表径流的流速,提高其向地下的渗入量。种植的植被可为草地和草本植物,主要功能是减少地表径流携带的面源污染物进入河流。外部区可以作为休闲活动的草坪和花园等。

第二节　海绵城市建设技术设施的选择

海绵城市建设有三个主要目的:对城市原有生态系统的保护;生态恢复和

修复;低影响开发。本节以海绵城市低影响开发的技术设施为例进行介绍。

低影响开发技术对应不同的低影响开发设施。低影响开发设施主要有透水铺装、绿色屋顶、下沉式绿地、生物滞留设施、渗透塘、渗井、湿塘、雨水湿地、蓄水池、雨水罐、调节塘、调节池、植草沟、渗管/渠、植被缓冲带、初期雨水弃流设施、人工土壤渗滤设施等。

低影响开发设施往往具有多个功能,如生物滞留设施的功能除渗透补充地下水外,还可削减峰值流量、净化雨水,实现径流总量、径流峰值和径流污染控制等多重目标。因此,应根据设计目标灵活选用低影响开发设施及其组合系统,根据主要功能按相应的方法进行设施规模计算,并对低影响开发设施及其组合系统的设施选型和规模进行优化。

一、技术设施

低影响开发的技术设施主要有以下几个。

(一)透水铺装

透水铺装按照面层材料不同可分为透水砖铺装、透水水泥混凝土铺装和透水沥青混凝土铺装,嵌草砖、园林铺装中的鹅卵石、碎石铺装等也属于透水铺装。透水铺装结构应符合现行《透水砖路面技术规程》《透水沥青路面技术规程》和《透水水泥混凝土路面技术规程》的规定。透水铺装还应满足以下要求。

透水铺装对道路路基强度和稳定性的潜在风险较大时,可采用半透水铺装结构。

土地透水能力有限时,应在透水铺装的透水基层内设置排水管或排水板。

当透水铺装设置在地下室顶板上时,顶板覆土厚度不应小于600 mm,并应设置排水层。

透水铺装的适用性:透水砖铺装和透水水泥混凝土铺装主要适用于广场、停车场、人行道以及车流量和荷载较小的道路,如建筑与小区道路、市政道路的非机动车道等;透水沥青混凝土铺装可用于机动车道。

透水铺装应用于以下区域时,还应采取必要的措施防止次生灾害或地下水污染的发生。

可能造成陡坡坍塌、滑坡灾害的区域,湿陷性黄土、膨胀土和高含盐土等特殊土壤地质区域。

使用频率较高的商业停车场、汽车回收及维修点、加油站及码头等径流污染严重的区域。

透水铺装的优缺点:透水铺装适用区域广、施工方便,可补充地下水并具有一定的峰值流量削减和雨水净化作用,但易堵塞,寒冷地区有被冻融破坏的风险。

(二)绿色屋顶

绿色屋顶又称种植屋面。在不透水性建筑的顶层覆盖一层植被,一般由植被层、基质层、过滤层以及防水层等构成小型的排水系统。根据种植基质深度和景观复杂程度,绿色屋顶又分为简单式和花园式。基质深度根据植物需求及屋顶荷载确定,简单式绿色屋顶的基质深度一般不大于150 mm,花园式绿色屋顶在种植乔木时基质深度可超过600 mm,绿色屋顶的设计可参考现行《种植屋面工程技术规程》的规定。

绿色屋顶的适用性:绿色屋顶适用于符合屋顶荷载、防水等条件的平屋顶建筑和坡度小于15°的坡屋顶建筑。

绿色屋顶的优缺点:绿色屋顶可有效减少屋面径流总量和径流污染负荷,具有节能减排的作用,但对屋顶荷载、防水、坡度、空间条件等有严格要求。

(三)下沉式绿地

下沉式绿地有狭义和广义之分,狭义的下沉式绿地指低于周边铺砌地面或道路在200 mm以内的绿地;广义的下沉式绿地泛指具有一定的调蓄容积(在以径流总量控制为目标进行目标分解或设计计算时,不包括调节容积),且可用于调蓄和净化径流雨水的绿地,包括生物滞留设施、渗透塘、湿塘、雨水湿地、调节塘等。

狭义的下沉式绿地应满足以下要求:

下沉式绿地的下凹深度应根据植物耐淹性能和土壤渗透性能确定,一般为100~200 mm。

下沉式绿地内一般应设置溢流口(如雨水口),保证暴雨时径流的溢流排放。溢流口顶部标高一般应高于绿地50~100 mm。

下沉式绿地的适用性:下沉式绿地可广泛应用于城市建筑与小区、道路、绿地和广场内。对于径流污染严重、设施底部渗透面距离季节性最高地下水位或岩石层小于1 m及距离建筑物基础小于3 m(水平距离)的区域,应采取必要的措施防止次生灾害的发生。

下沉式绿地的优缺点:狭义的下沉式绿地适用区域广,其建设费用和维护费用均较低,但大面积应用时,易受地形等条件的影响,实际调蓄容积较小。

(四)生物滞留设施

生物滞留设施指在地势较低的区域,通过植物、土壤和微生物系统蓄渗、净化径流雨水的设施。生物滞留设施分为简易型生物滞留设施和复杂型生物滞留设施,按应用位置不同又称作雨水花园、生物滞留带、高位花坛、生态树池等。

生物滞留设施应满足以下要求。

对于污染严重的汇水区应选用植草沟、植被缓冲带或沉淀池等对径流雨水进行预处理,去除大颗粒的污染物并减缓流速;应采取弃流、排盐等措施防止融雪剂或石油类等高浓度污染物侵害植物。

屋面径流雨水可由雨落管接入生物滞留设施,道路径流雨水可通过路缘石豁口进入。路缘石豁口尺寸和数量应根据道路纵坡等经计算确定。

生物滞留设施应用于道路绿化带时,若道路纵坡大于1%,应设置挡水堰/台坎,以减缓流速并增加雨水渗透量;设施靠近路基部分应进行防渗处理,防止对道路路基稳定性造成影响。

生物滞留设施内应设置溢流设施,可采用溢流竖管、盖篦溢流井或雨水口等。溢流设施顶一般应低于汇水面100 mm。

生物滞留设施宜分散布置且规模不宜过大,生物滞留设施面积一般为汇水面面积的5% ~ 10%。

复杂型生物滞留设施结构层外侧及底部应设置透水土工布,防止周围原土侵入。例如,经评估认为下渗会对周围建(构)筑物造成塌陷风险,或者拟将底部出水进行集蓄回用时,可在生物滞留设施底部和周边设置防渗膜。

生物滞留设施的蓄水层深度应根据植物耐淹性能和土壤渗透性能来确定,一般为200 ~ 300 mm,并应设100 mm的超高。换土层介质类型及深度应满足出水水质要求,还应符合植物种植及园林绿化养护管理技术要求。为防止换土层介质流失,换土层底部一般设置透水土工布隔离层,也可采用厚度不小于100 mm的砂层(细砂和粗砂)代替。砾石层起到排水作用,厚度一般为250 ~ 300 mm,可在其底部埋置管径为100 ~ 150 mm的穿孔排水管,砾石应洗净且粒径不小于穿孔管的开孔孔径。为提高生物滞留设施的调蓄作用,在穿孔管底部可增设一定厚度的砾石调蓄层。

生物滞留设施的适用性:生物滞留设施主要适用于建筑与小区内建筑、道路及停车场的周边绿地,以及城市道路绿化带等。对于径流污染严重、设施底部渗透面距离季节性最高地下水位或岩石层小于1 m及距离建筑物基础小于3 m(水平距离)的区域,可采用底部防渗的复杂型生物滞留设施。

生物滞留设施的优缺点:生物滞留设施形式多样、适用区域广、易与景观结合,径流控制效果好,建设费用与维护费用较低;但地下水位与岩石层较高、土壤渗透性能差、地形较陡的地区,应采取必要的换土、防渗、设置阶梯等措施避免次生灾害的发生,将增加建设费用。

(五)渗透塘

渗透塘是一种用于雨水下渗补充地下水的洼地,具有一定的净化雨水和削减峰值流量的作用。

渗透塘应满足以下要求。

渗透塘前应设置沉砂池、前置塘等预处理设施,去除大颗粒的污染物并减缓流速。有降雪的城市,应采取弃流、排盐等措施防止融雪剂侵害植物。

渗透塘边坡坡度(垂直:水平)一般不大于1:3,塘底至溢流水位一般不小于0.6 m。

渗透塘底部构造一般为200~300 mm的种植土、透水土工布及300~500 mm的过滤介质层。

渗透塘排空时间不应大于24 h。

渗透塘应设溢流设施,并与城市雨水管渠系统和超标雨水径流排放系统衔接。渗透塘外围应设安全防护措施和警示牌。

渗透塘的适用性:渗透塘适用于汇水面积较大(大于1 hm²)且具有一定空间条件的区域,但应用于径流污染严重、设施底部渗透面距离季节性最高地下水位或岩石层小于1 m及距离建筑物基础小于3 m(水平距离)的区域时,应采取必要的措施防止发生次生灾害。

渗透塘的优缺点:渗透塘可有效补充地下水、削减峰值流量,建设费用较低,但对场地条件要求较严格,对后期维护管理要求较高。

（六）渗井

渗井指通过井壁和井底进行雨水下渗的设施。为增大渗透效果，可在渗井周围设置水平渗排管，并在渗排管周围铺设砾（碎）石。

渗井应满足下列要求。

雨水通过渗井下渗前应通过植草沟、植被缓冲带等设施对雨水进行预处理。

渗井的出水管的内底高程应高于进水管管内顶高程，但不应高于上游相邻井的出水管管内底高程。渗井调蓄容积不足时，也可在渗井周围连接水平渗排管，形成辐流渗井。

渗井的适用性：渗井主要适用于建筑与小区内建筑、道路及停车场的周边绿地内。渗井应用于径流污染严重、设施底部距离季节性最高地下水位或岩石层小于 1 m 及距离建筑物基础小于 3 m（水平距离）的区域时，应采取必要的措施防止发生次生灾害。

渗井的优缺点：渗井占地面积小，建设和维护费用较低，但其水质和水量控制作用有限。

（七）湿塘

湿塘指具有雨水调蓄和净化功能的景观水体，雨水同时作为其主要的补水水源。湿塘有时可结合绿地、开放空间等场地条件设计为多功能调蓄水体，即平时发挥正常的景观及休闲、娱乐功能，暴雨发生时发挥调蓄功能，实现土地资源的多功能利用。湿塘一般由进水口、前置塘、主塘、溢流出水口、护坡及驳岸、维护通道等构成。

湿塘应满足以下要求。

进水口和溢流出水口应设置碎石、消能坎等消能设施，防止水流冲刷和侵蚀。

前置塘为湿塘的预处理设施，起到沉淀径流中大颗粒污染物的作用；前置塘池底一般为混凝土或块石结构，便于清淤；前置塘应设置清淤通道及防护设施，驳岸形式宜为生态软驳岸，边坡坡度（垂直：水平）一般为 1∶2～1∶8；前置塘沉泥区容积应根据清淤周期和所汇入径流雨水的 SS 污染物负荷确定。

主塘一般包括常水位以下的永久容积和储存容积，永久容积水深一般为 0.8～2.5 m；储存容积一般根据所在区域相关规划提出的"单位面积控制容积"

确定;具有峰值流量削减功能的湿塘还包括调节容积,调节容积应在24~48 h内排空;主塘与前置塘间宜设置水生植物种植区(雨水湿地),主塘驳岸宜为生态驳岸,边坡坡度(垂直:水平)不宜大于1:6。

溢流出水口包括溢流竖管和溢洪道,排水能力应根据下游雨水管渠或超标雨水径流排放系统的排水能力确定。

湿塘应设置护栏、警示牌等安全防护与警示措施。

湿塘的适用性:湿塘适用于建筑与小区、城市绿地、广场等具有空间条件的场地。

湿塘的优缺点:湿塘可有效削减较大区域的径流总量、径流污染和峰值流量,是城市内涝防治系统的重要组成部分,但对场地条件要求较严格,建设和维护费用高。

(八)雨水湿地

雨水湿地是指利用物理、水生植物及微生物等作用净化雨水,是一种高效的径流污染控制设施。雨水湿地分为雨水表流湿地和雨水潜流湿地,一般设计成防渗型,以便维持雨水湿地植物所需要的水量。雨水湿地常与湿塘合建并设计一定的调蓄容积。雨水湿地与湿塘的构造相似,一般由进水口、前置塘、沼泽区、出水池、溢流出水口、护坡及驳岸、维护通道等构成。

雨水湿地应满足以下要求。

进水口和溢流出水口应设置碎石、消能坎等消能设施,防止水流冲刷和侵蚀。

雨水湿地应设置前置塘对径流雨水进行预处理。

沼泽区包括浅沼泽区和深沼泽区,是雨水湿地主要的净化区。其中,浅沼泽区水深一般为0~0.3 m,深沼泽区水深一般为0.3~0.5 m,根据水深不同种植不同类型的水生植物。

雨水湿地的调节容积应在24 h内排空。

出水池主要起防止沉淀物的再悬浮和降低温度的作用,水深一般为0.8~1.2 m,出水池容积约为总容积(不含调节容积)的10%。

雨水湿地的适用性:雨水湿地适用于具有一定空间条件的建筑与小区、城市道路、城市绿地、滨水带等区域。

雨水湿地的优缺点:雨水湿地可有效削减污染物,并具有一定的径流总量和峰值流量控制效果,但建设及维护费用较高。

(九)蓄水池

蓄水池指具有雨水储存功能的集蓄利用设施,其同时具有削减峰值流量的作用,主要包括钢筋混凝土蓄水池,砖、石砌筑蓄水池及塑料蓄水模块拼装式蓄水池,用地紧张的城市大多采用地下封闭式蓄水池。蓄水池典型构造可参照国家建筑标准设计图集《雨水综合利用》(10SS705)。

蓄水池的适用性:蓄水池适用于有雨水回用需求的建筑与小区、城市绿地等,根据雨水回用用途(绿化、道路喷洒及冲厕等)不同需配建相应的雨水净化设施;不适用于无雨水回用需求和径流污染严重的地区。

蓄水池的优缺点:蓄水池具有节省占地、雨水管渠易接入、避免阳光直射、防止蚊蝇滋生、储存水量大等优点,雨水可回用于绿化灌溉、冲洗路面和车辆等;但其建设费用高,后期须重视维护管理。

(十)雨水罐

雨水罐也称雨水桶,为地上或地下封闭式的简易雨水集蓄利用设施,可用塑料、玻璃钢或金属等材料制成。

雨水罐的适用性:雨水罐适用于单体建筑屋面雨水的收集利用。

雨水罐的优缺点:雨水罐多为成型产品,施工安装方便,便于维护,但其储存容积较小,雨水净化能力有限。

(十一)调节塘

调节塘也称干塘,以削减峰值流量功能为主,一般由进水口、调节区、出口设施、护坡及堤岸构成,也可通过合理设计使其具有渗透功能,起到一定的补充地下水和净化雨水的作用。

调节塘应满足以下要求。

进水口应设置碎石、消能坎等消能设施,防止水流冲刷和侵蚀。

设置前置塘对径流雨水进行预处理。

调节区深度一般为 0.6~3 m,塘中可以种植水生植物以减小流速、增强雨水净化效果。塘底设计成可渗透时,塘底部渗透面距离季节性最高地下水位或岩石层不应小于 1 m,距离建筑物基础不应小于 3 m(水平距离)。

调节塘出水设施一般设计成多级出水口形式,以控制调节塘水位,增加雨水水力停留时间(一般不大于 24 h),控制外排流量。

调节塘应设置护栏、警示牌等安全防护与警示措施。

调节塘的适用性：调节塘适用于建筑与小区、城市绿地等具有一定空间条件的区域。

调节塘的优缺点：调节塘可有效削减峰值流量，建设及维护费用较低，但其功能较为单一，宜利用下沉式公园及广场等与湿塘、雨水湿地合建，构建多功能调蓄水体。

(十二)调节池

调节池为调节设施的一种，主要用于削减雨水管渠峰值流量，一般常用溢流堰式或底部流槽式，可以是地上敞口式调节池或地下封闭式调节池。

调节池的适用性：调节池适用于城市雨水管渠系统中，削减管渠峰值流量。

调节池的优缺点：调节池可有效削减峰值流量，但其功能单一，建设及维护费用较高，宜利用下沉式公园及广场等与湿塘、雨水湿地合建，构建多功能调蓄水体。

(十三)植草沟

植草沟是指种有植被的地表沟渠。其可收集、输送和排放径流雨水，并具有一定的雨水净化作用，可用于衔接其他各单项设施、城市雨水管渠系统和超标雨水径流排放系统。除转输型植草沟外，还包括渗透型的干式植草沟及常有水的湿式植草沟，可分别提高径流总量和径流污染控制效果。

植草沟应满足以下要求。

浅沟断面形式宜采用倒抛物线形、三角形或梯形。

植草沟的边坡坡度（垂直:水平）不宜大于1:3，纵坡不应大于4%。纵坡较大时宜设置为阶梯形植草沟或在中途设置消能台坎。

植草沟最大流速应小于0.8 m/s，曼宁系数宜为0.2～0.3。

转输型植草沟内植被高度宜控制在100～200 mm。

植草沟的适用性：植草沟适用于建筑与小区内道路，广场、停车场等不透水面的周边，城市道路及城市绿地等区域，也可作为生物滞留设施、湿塘等低影响开发设施的预处理设施。植草沟也可与雨水管渠联合应用，场地竖向允许且不影响安全的情况下也可代替雨水管渠。

植草沟的优缺点：植草沟具有建设及维护费用低，易与景观结合的优点，但已建城区及开发强度较大的新建城区等区域易受场地条件制约。

(十四)渗管/渠

渗管/渠是指具有渗透功能的雨水管/渠,可采用穿孔塑料管、无砂混凝土管/渠和砾(碎)石等材料组合而成。

渗管/渠应满足以下要求。

渗管/渠应设置植草沟、沉淀(砂)池等预处理设施。

渗管/渠开孔率应控制在1%~3%之间,无砂混凝土管的孔隙率应大于20%。

渗管/渠的敷设坡度应满足排水的要求。

渗管/渠四周应填充砾石或其他多孔材料,砾石层外包透水土工布,土工布搭接宽度不应少于200 mm。

渗管/渠设在行车路面下时覆土深度不应小于700 mm。

渗管/渠的适用性:渗管/渠适用于建筑与小区及公共绿地内转输流量较小的区域,不适用于地下水位较高、径流污染严重及易出现结构塌陷等不宜进行雨水渗透的区域(如雨水管渠位于机动车道下等)。

渗管/渠的优缺点:渗管/渠对场地空间要求小,但建设费用较高,易堵塞,维护较困难。

(十五)植被缓冲带

植被缓冲带为坡度较缓的植被区,经植被拦截及土壤下渗作用减缓地表径流流速,并去除径流中的部分污染物。植被缓冲带坡度一般为2%~6%,宽度不宜小于2 m。

植被缓冲带的适用性:植被缓冲带适用于道路等不透水面周边,可作为生物滞留设施等低影响开发设施的预处理设施,也可作为城市水系的滨水绿化带,但坡度较大(大于6%)时其雨水净化效果较差。

植被缓冲带的优缺点:植被缓冲带建设与维护费用低;但对场地空间大小、坡度等条件要求较高,且径流控制效果有限。

(十六)初期雨水弃流设施

初期雨水弃流是指通过一定方法或装置将存在初期冲刷效应、污染物浓度较高的降雨初期径流予以弃除,以降低雨水的后续处理难度。弃流雨水应进行处理,比如排入市政污水管网(或雨污合流管网)由污水处理厂进行集中处理等。常见的初期雨水弃流方法包括容积法弃流、小管弃流（水流切换法）等，弃流形式包括自控弃流、渗透弃流、弃流池、雨落管弃流等。

初期雨水弃流设施的适用性：初期雨水弃流设施是其他低影响开发设施的重要预处理设施，主要适用于屋面雨水的雨落管、径流雨水的集中入口等低影响开发设施的前端。

初期雨水弃流设施的优缺点：初期雨水弃流设施占地面积小，建设费用低，可降低雨水储存及雨水净化设施的维护管理费用，但径流污染物弃流量一般不易控制。

（十七）人工土壤渗滤设施

人工土壤渗滤主要作为蓄水池等雨水储存设施的配套雨水利用设施，以达到回用水水质指标。人工土壤渗滤设施的典型构造可参照复杂型生物滞留设施。

人工土壤渗滤设施的适用性：人工土壤渗滤设施适用于有一定场地空间的建筑与小区及城市绿地。

人工土壤渗滤设施的优缺点：人工土壤渗滤设施的雨水净化效果好，易与景观结合，但建设费用较高。

二、设施组合系统优化

设施的选择应结合不同区域水文地质、水资源等特点，建筑密度、绿地率及土地利用布局等条件，根据城市总规、专项规划及详规明确的控制目标，结合汇水区特征和设施的主要功能、经济性、适用性、景观效果等因素选择效益最优的低影响开发设施及其组合系统。

组合系统的优化应遵循以下原则。

组合系统中各设施的适用性应符合场地土壤渗透性、地下水位、地形等特点。在土壤渗透性能差、地下水位高、地形较陡的地区，选用渗透设施时应进行必要的技术处理，防止塌陷、地下水污染等次生灾害的发生。

组合系统中各设施的主要功能应与规划控制目标相对应。缺水地区以雨水资源化利用为主要目标时，可优先选用以雨水集蓄利用主要功能的雨水储存设施；内涝风险严重的地区以径流峰值控制为主要目标时，可优先选用峰值削减效果较优的雨水储存和调节等技术；水资源较丰富的地区以径流污染控制和径流峰值控制为主要目标时，可优先选用雨水净化和峰值削减功能较优的雨水截污净化、渗透和调节等技术。

在满足控制目标的前提下,组合系统中各设施的总投资成本宜最低,并综合考虑设施的环境效益和社会效益。例如,在当场地条件允许时,优先选用成本较低且景观效果较优的设施。

第三节 海绵城市建设技术设施的计算

本节仍以海绵城市建设低影响开发技术设施的计算为例进行介绍。

一、计算原则

低影响开发设施的规模应根据控制目标及设施在具体应用中发挥的主要功能,选择容积法、流量法或水量平衡法等方法通过计算确定。按照径流总量、径流峰值与径流污染综合控制目标进行设计的低影响开发设施,应综合运用以上方法进行计算,并选择其中较大的规模作为设计规模,有条件的可采用模型模拟的方法确定设施规模。

当以径流总量控制为目标时,地块内各低影响开发设施的设计调蓄容积之和,即总调蓄容积(不包括用于削减峰值流量的调节容积),一般不应低于该地块"单位面积控制容积"的控制要求。计算总调蓄容积时,应符合以下要求。

顶部和结构内部有蓄水空间的渗透设施(如复杂型生物滞留设施、渗管/渠等)的渗透量应计入总调蓄容积。

调节塘、调节池对径流总量削减没有贡献,其调节容积不应计入总调蓄容积;转输型植草沟、渗管/渠、初期雨水弃流收集池、植被缓冲带、人工土壤渗滤池等对径流总量削减贡献较小的设施,其调蓄容积也不计入总调蓄容积。

透水铺装和绿色屋顶仅参与综合雨量径流系数的计算,其结构内的空隙容积一般不再计入总调蓄容积。

受地形条件、汇水面大小等影响,设施调蓄容积无法发挥径流总量削减作用的设施(如较大面积的下沉式绿地,往往受坡度和汇水面竖向条件限制,实际调蓄容积远远小于其设计调蓄容积)以及无法有效收集汇水面径流雨水的设施具有的调蓄容积不计入总调蓄容积。

二、一般计算

(一)容积法

低影响开发设施以径流总量和径流污染为控制目标进行设计时,设施具有的调蓄容积一般应满足"单位面积控制容积"的指标要求。设计调蓄容积一般采用容积法进行计算,计算公式为:

$$V = 10H\phi F$$

式中:V——设计调蓄容积,m^3。

H——设计降雨量,mm。

ϕ——综合雨量径流系数,可参照相关规范进行加权平均计算。

F——汇水面积,hm^2。

用于合流制排水系统的径流污染控制时,雨水调蓄池的有效容积可参照现行《室外排水设计规范》进行计算。

(二)流量法

植草沟等转输设施,其设计目标通常为排除一定设计重现期的雨水流量,可通过推理公式计算一定重现期的雨水流量,计算公式为:

$$Q = \psi q F$$

式中:Q——雨水设计流量,L/s。

ψ——综合径流系数。

q——设计暴雨强度,$L/(s \cdot hm^2)$。

F——汇水面积,hm^2。

城市雨水管渠系统设计重现期的取值及雨水设计流量的计算等还应符合现行《室外排水设计规范》的有关规定。

(三)水量平衡法

水量平衡法主要用于湿塘、雨水湿地等设施储存容积的计算。设施储存容积应首先按照容积法进行计算,同时为保证设施正常运行(如保持设计常水位),再通过水量平衡法计算设施每月雨水补水水量、外排水量、水量差、水位变化等相关参数,最后通过经济分析确定设施设计容积的合理性并进行调整。

三、以渗透为主要功能的设施规模计算

对于生物滞留设施、渗透塘、渗井等顶部或结构内部有蓄水空间的渗透设施,设施规模应按照以下方法进行计算。对透水铺装等仅以原位下渗为主、顶

部无蓄水空间的渗透设施,其基层及垫层空隙虽有一定的蓄水空间,但其蓄水能力受面层或基层渗透性能的影响很大,因此,透水铺装可通过参考综合雨量径流系数计算的方式确定其规模。

第一,渗透设施有效调蓄容积按下列算式进行计算。

$$V_s = V - W_p$$

式中:V_s——渗透设施的有效调蓄容积,包括设施顶部和结构内部蓄水空间的容积,m^3。

V——渗透设施进水量,m^3,参照容积法计算。

W_p——渗透量,m^3。

第二,渗透设施渗透量按下列算式进行计算。

$$W_p = KJA_s t_s$$

式中:W_p——渗透量,m^3。

K——土壤(原土)渗透系数,m/s。

J——水力坡降,一般可取$J=1$。

A_s——有效渗透面积,m^2。

t_s——渗透时间,s,指降雨过程中设施的渗透历时,一般可取2 h。

第三,渗透设施的有效渗透面积A,应按下列要求确定。

水平渗透面按投影面积计算。

竖直渗透面按有效水位高度的1/2计算。

斜渗透面按有效水位高度的1/2所对应的斜面实际面积计算。

地下渗透设施的顶面积不计。

四、以储存为主要功能的设施规模计算

雨水罐、蓄水池、湿塘、雨水湿地等设施以储存为主要功能时,其储存容积应通过容积法及水量平衡法计算,并通过技术经济分析综合确定。

五、以调节为主要功能的设施规模计算

调节塘、调节池等调节设施,以及以径流峰值调节为目标进行设计的蓄水池、湿塘、雨水湿地等设施的容积,应根据雨水管渠系统设计标准、下游雨水管道负荷(设计过流流量)及入流、出流流量过程线,经技术经济分析合理确定。调节设施容积按下列算式进行计算。

$$V = \text{Max}\left[\int_0^T \left(Q_{in} - Q_{out}\right)dt\right]$$

式中：V——调节设施容积，m^3。

Q_{in}——调节设施的入流流量，m^3/s。

Q_{out}——调节设施的出流流量，m^3/s。

t——计算步长，s。

T——计算降雨历时，s。

六、调蓄设施规模计算

具有储存和调节综合功能的湿塘、雨水湿地等多功能调蓄设施，其规模应综合储存设施和调节设施的规模计算方法进行计算。

七、以转输与截污净化为主要功能的设施规模计算

植草沟等转输设施的计算步骤如下。

根据总平面图布置植草沟并划分各段的汇水面积。

根据现行《室外排水设计规范》确定排水设计重现期，参考流量法计算设计流量 Q。

根据工程实际情况和植草沟设计参数取值，确定各设计参数。容积法弃流设施的弃流容积应按容积法计算；绿色屋顶的规模计算参照透水铺装的规模计算方法；人工土壤渗滤的规模根据设计净化周期和渗滤介质的渗透性能确定；植被缓冲带规模根据场地空间条件确定。

第三章 建筑工程施工技术

第一节 施工测量技术

一、常用测量仪器的性能与应用

在建筑工程施工中,常用的测量仪器有钢尺、水准仪、经纬仪、激光铅直仪和全站仪等(详见表3-1)。

表3-1 几种常用测量仪器的性能与应用

测量仪器	性能与应用
钢尺	主要作用是距离测量,钢尺量距是目前楼层测量放线最常用的距离测量方法
水准仪	是进行水准测量的主要仪器,主要由望远镜、水准器和基座三个部分组成,使用时通常架设在脚架上进行测量。其主要功能是测量两点间的高差,不能直接测量待定点的高程,但可由控制点的已知高程来推算测点的高程。另外,利用视距测量原理还可以测量两点间的大致水平距离
经纬仪	是一种能进行水平角和竖直角测量的仪器,主要由照准部、水平度盘和基座三部分组成。经纬仪可以借助水准尺,利用视距测量原理,测出两点间的大致水平距离和高差,也可以进行点位的竖向传递测量
激光铅直仪	主要用来进行点位的竖向传递(如高层建筑施工中轴线点的竖向投测等)。除激光铅直仪外,有的工程也采用激光经纬仪来进行点位的竖向传递测量
全站仪	是一种可以同时进行角度测量和距离测量的仪器,由电子测距仪、电子经纬仪和电子记录装置三部分组成,具有操作方便、快捷、测量功能全等特点。使用全站仪测量时,在测站上安置仪器后,除照准需人工操作外,其余操作可以自动完成,而且几乎是在同一时间测得平距、高差、点的坐标和高程

二、施工测量的内容与方法

(一)施工测量的内容

施工测量现场主要工作包括对已知长度的测设、已知角度的测设、建筑物细部点平面位置的测设、建筑物细部点高程位置及倾斜线的测设等。一般建筑工程,通常先布设施工控制网,再以施工控制网为基础,开展建筑物轴线测量和细部放样等施工测量工作。

(二)施工控制网测量

1.建筑物施工平面控制网

建筑物施工平面控制网,应根据建筑物的设计形式和特点布设,一般布设成十字轴线或矩形控制网;也可根据建筑红线定位。平面控制网的主要测量方法有直角坐标法、极坐标法、角度交会法、距离交会法等。目前一般采用极坐标法建立平面控制网。

2.建筑物施工高程控制网

建筑物高程控制,应采用水准测量。附合路线闭合差,不应低于四等水准的要求。水准点可设置在平面控制网的标桩或外围的固定地物上,也可单独埋设。水准点的个数不得少于两个。当采用主要建筑物附近的高程控制点时,也不得少于两个点。±0.000高程测设是施工测量中常见的工作内容,一般用水准仪进行。

(三)结构施工测量

结构施工测量的主要内容包括主轴线内控基准点的设置、施工层的放线与抄平、建筑物主轴线的竖向投测、施工层标高的竖向传递等。建筑物主轴线的竖向投测,主要有外控法和内控法两类。多层建筑可采用外控法或内控法,高层建筑一般采用内控法。

第二节 地基与基础工程施工技术

一、土方工程施工技术

(一)土方开挖

无支护土方工程采用放坡挖土,有支护土方工程可采用中心岛式(也称墩式)挖土、盆式挖土和逆作法挖土等方法。当基坑开挖深度不大、周围环境允许,经验算能确保土坡的稳定性时,可采用放坡开挖。

中心岛式挖土,宜用于支护结构的支撑形式为角撑、环梁式或边桁(框)架式,中间具有较大空间情况下的大型基坑土方开挖。

盆式挖土是先开挖基坑中间部分的土,周围四边留土坡,土坡最后挖除。采用盆式挖土方法可使周边的土坡对围护墙有支撑作用,有利于减少围护墙的变形。其缺点是大量的土方不能直接外运,需集中提升后装车外运。

在基坑边缘堆置土方和建筑材料,或沿挖方边缘移动运输工具和机械时,一般应距基坑上部边缘不少于2 m,堆置高度不应超过1.5 m。在垂直的坑壁边,此安全距离还应适当加大。软土地区不宜在基坑边堆置弃土。

开挖时应对平面控制桩、水准点、基坑平面位置、水平标高、边坡坡度等经常进行检查。

(二)土方回填

1.土料要求与含水量控制

填方土料应符合设计要求,保证填方的强度和稳定性。一般不能选用淤泥、淤泥质土、膨胀土、有机质大于8%的土、含水溶性硫酸盐大于5%的土、含水量不符合压实要求的黏性土。填方土应尽量采用同类土。土料含水量一般以手握成团、落地开花为适宜。

2.基底处理

清除基底上的垃圾、草皮、树根、杂物,排除坑穴中的积水、淤泥和种植土,将基底充分夯实和碾压密实。

应采取措施防止地表滞水流入填方区,浸泡地基,造成基土下陷。

当填土场地地面陡于1∶5时,应先将斜坡挖成阶梯形,阶高不大于1 m,台阶高宽比为1∶2,然后分层填土,以利结合和防止滑动。

3.土方填筑与压实

填方的边坡坡度应根据填方高度、土的种类和其重要性确定。对使用时间较长的临时性填方边坡坡度,当填方高度小于10 m时,可采用1∶1.5;超过10 m时,可做成折线形,上部采用1∶1.5,下部采用1∶1.75。

填土应从场地最低处开始,由下而上整个宽度分层铺填。每层虚铺厚度应根据夯实方式确定,一般情况下每层虚铺厚度详见表3-2。

表3-2　填土施工分层厚度及压实遍数

压实方式	分层厚度/mm	每层压实遍数
平碾	250～300	6～8
振动压实机	250～350	3～4
柴油打夯机	200～250	3～4
人工打夯	＜200	3～4

填方应在相对两侧或周围同时进行回填和夯实。

填土应尽量采用同类土填筑,填方的密实度要求和质量指标通常以压实系数λ_c表示。压实系数为土的控制(实际)干土密度ρ_d与最大干土密度ρ_{dmax}的比值。

二、基坑验槽与局部不良地基的处理方法

(一)验槽时必须具备的资料

验槽时必须具备的资料包括:详勘阶段的岩土工程勘察报告、附有基础平面和结构总说明的施工图阶段的结构图;其他必须提供的文件或记录。

(二)验槽前的准备工作

查看结构说明和地质勘查报告,对比结构设计所用的地基承载力、持力层与报告所提供的是否相同。

询问、察看建筑位置是否与勘察范围相符。

察看场地内是否有软弱下卧层。

场地是否为特别的不均匀场地,是否存在勘察方要求进行特别处理的情况而设计方没有进行处理。

要求建设方提供场地内是否有地下管线和相应的地下设施的信息。

(三)验槽程序

在施工单位自检合格的基础上进行,施工单位确认自检合格后提出验收申请。由总监理工程师或建设单位项目负责人组织建设、监理、勘查、设计,施工单位的项目负责人和技术质量负责人共同按设计要求和有关规定进行。

(四)验槽的主要内容

根据设计图纸检查基槽的开挖平面位置、尺寸、槽底深度,检查是否与设计图纸相符,开挖深度是否符合设计要求。

仔细观察槽壁、槽底土质类型、均匀程度和有关异常土质是否存在,核对基坑土质及地下水情况是否与勘查报告相符。

检查基槽之中是否有旧建筑物基础、井、直墓、洞穴、地下掩埋物及地下人防工程等。

检查基槽边坡外缘与附近建筑物的距离,判断基坑开挖对建筑物稳定是否有影响。

天然地基验槽应检查、核实、分析钎探资料,对存在的异常点位进行复核检查。对于桩基应检测桩的质量合格。

(五)验槽方法

地基验槽通常采用观察法。对于基底以下的土层不可见部位,通常采用钎探法。

1.观察法

槽壁、槽底的土质情况,验证基槽开挖深度及土质是否与勘查报告相符,观察槽底土质结构是否被人为破坏;验槽时应重点观察柱基、墙角、承重墙下或其他受力较大部位,如有异常部位,应会同勘查、设计等有关单位进行处理。

基槽边坡是否稳定,是否有影响边坡稳定的因素存在,如地下渗水、坑边堆载或近距离扰动等。

基槽内有无旧的房基、洞穴、古井、掩埋的管道和人防设施等,如存在上述问题,应沿其走向进行追踪,查明其在基槽内的范围、延伸方向、长度、深度及宽度。

在进行直接观察时,可用袖珍式贯入仪作为辅助手段。

2.钎探法

钎探是用锤将钢钎打入坑底以下一定深度的土层内,根据锤击次数和入土难易程度来判断土的软硬情况及有无支井、点墓、洞穴、地下掩埋物等。

钢钎的打入分人工和机械两种。

根据基坑平面图,依次编号绘制钎探点平面布置图。

按照钎探点顺序号进行钎探施工。

打钎时,同一工程应钎径一致、锤重一致、用力(落距)一致。每贯入 30 cm 通常称为一步),记录一次锤击数,每打完一个孔,填入针探记录表内,最后进行统一整理。

分析钎探资料：检查其测试深度、部位，以及测试钎探器具是否标准，记录是否规范，对钎探记录各点的测试击数要认真分析，分析钎探击数是否均匀，对偏差大于50%的点位，分析原因，确定范围，重新补测，对异常点采用洛阳铲进一步核查。

钎探后的孔要用砂灌实。

3.轻型动力触探

遇到下列情况之一时，应在基底进行轻型动力触探：①持力层明显不均匀；②浅部有软弱下卧层；③有浅埋的坑穴、古墓、古井等，直接观察难以发现；④勘查报告或设计文件规定应进行轻型动力触探。

（六）局部不良地基的处理

局部不良地基的处理主要包括局部硬土的处理和局部软土的处理（详见表3-3）。

表3-3　局部不良地基的处理

类别	施工技术
局部硬土的处理	挖掉硬土部分，以免造成不均匀沉降。处理时要根据周边土地的土质情况确定回填材料，全部开挖较困难时，在其上部做软垫层处理，使地基均匀沉降
局部软土的处理	在地基土中由于外界因素的影响（如管道渗水）、地层的差异或含水量的变化，会造成地基局部土质软硬差异较大。软土厚度不大时，通常采取清除软土的换土垫层法处理，一般采用级配砂石垫层，压实系数不小于0.94；厚度较大时，一般采用现场钻孔灌注桩混凝土或砌块石支撑墙（或支墩）至基岩进行局部地基处理

三、砖、石基础施工技术

砖、石基础属于刚性基础范畴。这种基础的特点是抗压性能好，整体性、抗拉、抗弯、抗剪性能较差，材料易得，施工操作简便，造价较低。适用于地基坚实、均匀，上部荷载较小，7层和7层以下的一般民用建筑和墙承重的轻型厂房基础工程。

（一）施工准备工作要点

砖应提前1~2天浇水湿润。

在砖砌体转角处、交接处应设置皮数杆，皮数杆间距不应大于15 m，在相对两皮数杆上砖上边线处拉准线。

根据皮数杆最下面一层砖或毛石的标高,拉线检查基础垫层表面标高是否合适,第一层砖的水平灰缝大于20 mm,毛石大于30 mm时,应用细石混凝土找平,不得用砂浆或在砂浆中掺细砖或碎石处理。

(二)砖基础施工技术要求

砖基础的下部为大放脚、上部为基础墙。

大放脚有等高式和间隔式两种形式。等高式大放脚是每砌两皮砖,两边各收进1/4砖长;间隔式大放脚是每砌两皮砖及一皮砖,轮流两边各收进1/4砖长,最下面应为两皮砖。

砖基础的大放脚一般采用一顺一丁砌筑形式,即一皮顺砖与一皮丁砖相间,上下皮垂直灰缝相互错开60 mm。

砖基础的转角处、交接处,为错缝需要应加砌配砖(3/4砖、半砖或1/4砖)。

砖基础的水平灰缝厚度和垂直灰缝宽度宜为10 mm。水平灰缝的砂浆饱满度不得小于80%,竖向灰缝饱满度不得低于9%。

砖基础底标高不同时,应从低处砌起,并应由高处向低处搭砌。当设计无要求时,搭砌长度不应小于砖基础大放脚的高度。

砖基础的转角处和交接处应同时砌筑,当不能同时砌筑时,应留置斜槎。

基础墙的防潮层,当设计无具体要求时,宜用1:2水泥砂浆加适量防水剂铺设,其厚度宜为20 mm。防潮层位置宜在室内地面标高以下一皮砖处。

(三)石基础施工技术要求

根据石材加工后的外形规则程度,石基础分为毛石基础、料石(毛料石、粗料石、细料石)基础。

毛石基础截面形状有矩形、阶梯形、梯形等。基础上部宽一般比墙厚大20 cm以上。

砌筑时应双挂线,分层砌筑,每层高度为30~40 cm,大体砌平。

灰缝要饱满密实,厚度一般控制在30~40 mm之间,石块上下皮竖缝必须错开(不少于10 cm,角石不少于15 cm),做到丁顺交错排列。

墙基需要留槎时,不得留在外墙转角或纵墙与横墙的交界处,至少应离开1.0~1.5 m的距离。接槎应做成阶梯式,不得留直槎或斜槎。沉降缝应分成两段砌筑,不得搭接。

四、混凝土基础与桩基础施工技术

(一)混凝土基础施工技术

混凝土基础的主要形式有条形基础、单独基础、筏形基础和箱形基础等。混凝土基础工程中,分项工程主要有钢筋、模板、混凝土、后浇带混凝土和混凝土结构缝处理。

1.单独基础浇筑

台阶式基础施工,可按台阶分层一次浇筑完毕,不允许留设施工缝。每层混凝土要一次灌足,顺序是先边角后中间,务使混凝土充满模板。

2.条形基础浇筑

根据基础深度宜分段分层连续浇筑混凝土,一般不留施工缝。各段层间应相互衔接,每段间浇筑长度控制在 2 000 ~ 3 000 mm 距离,做到逐段逐层呈阶梯形向前推进。

3.设备基础浇筑

一般应分层浇筑,并保证上下层之间不留施工缝,每层混凝土的厚度为200 ~ 300 mm。每层浇筑顺序应从低处开始,沿长边方向自一端向另一端浇筑,也可采取中间向两端或两端向中间浇筑的顺序。

4.基础底板大体积混凝土工程

基础底板大体积混凝土工程主要包括大体积混凝土的浇筑、振捣、养护和裂缝的控制,其施工技术详见表3-4。

表3-4　基础底板大体积混凝土工程的施工技术

环节	施工技术
浇筑	大体积混凝土分层浇筑时,为保证结构的整体性和施工的连续性,应保证在下层混凝土初凝前将上层混凝土浇筑完毕。浇筑方案根据整体性要求、结构大小、钢筋疏密及混凝土供应等情况,可以选择全面分层、分段分层、斜面分层等方式
振捣	①混凝土应采取振捣棒振捣;②在振动初凝以前对混凝土进行二次振捣,排除混凝土因泌水在粗骨料、水平钢筋下部生成的水分和空隙,提高混凝土与钢筋的握裹力,防止因混凝土沉落出现裂缝,增加混凝土密实度,使混凝土抗压强度提高,从而提高抗裂性

续表

环节	施工技术
养护	①养护方法分为保温法和保湿法两种；②大体积混凝土浇筑完毕后，应在12 h内加以覆盖和浇水。采用普通硅酸盐水泥拌制的混凝土养护时间不得少于14 d；采用矿渣水泥、火山灰水泥等拌制的混凝土养护时间由其相关水泥性能确定，同时应满足施工方案要求
裂缝的控制	①优先选用低水化热的矿渣水泥拌制混凝土，并适当使用缓凝减水剂；②在保证混凝土设计强度等级前提下，适当降低水胶比，减少水泥用量；③降低混凝土的入模温度，控制混凝土内外的温差（当设计无要求时，控制在25℃以内），如降低拌合水温度（在拌合水中加冰屑或用地下水）；骨料用水冲洗降温，避免暴晒；④及时对混凝土覆盖保温、保湿材料；⑤可在基础内预埋冷却水管，通入循环水，强制降低混凝土水化热产生的温度；⑥在拌和混凝土时，还可掺入适量的微膨胀剂或膨胀水泥，使混凝土得到补偿收缩，减少混凝土的收缩变形；⑦设置后浇缝，当大体积混凝土平面尺寸过大时，可以适当设置后浇缝，以减小外应力和温度应力；同时，也有利于散热，降低混凝土的内部温度；⑧大体积混凝土可采用二次抹面工艺，减少表面收缩裂缝

（二）混凝土预制桩、灌注桩的施工技术

1. 混凝土预制桩施工技术

混凝土预制桩打（沉）桩施工方法通常有锤击沉桩法、静力压桩法及振动法等，以锤击沉桩法和静力压桩法应用最为普遍。

2. 混凝土灌注桩施工技术

混凝土灌注桩按其成孔方法不同，可分为钻孔灌注桩、沉管灌注桩和人工挖孔灌注桩等。

五、人工降排地下水施工技术

基坑开挖深度浅，基坑涌水量不大时，可边开挖边用排水沟和集水井进行集水明排，在软土地区基坑开挖深度超过3 m，一般采用井点降水。

1. 明沟、集水井排水

明沟、集水井排水指在基坑的两侧或四周设置排水明沟，在基坑四角或每隔30～40 m设置集水井，使基坑渗出的地下水通过排水明沟汇集于集水井内，然后用水泵将其排出基坑外。

排水明沟宜布置在拟建建筑基础边0.4 m以外，沟边缘离开边坡坡脚应不小于0.3 m。排水明沟的底面应比挖土面低0.3～0.4 m。集水井底面应比沟底面低0.5 m以上，并随基坑的挖深而加深，以保持水流畅通。

2. 降水

降水即在基坑土方开挖之前,用真空(轻型)井点、喷射井点或管井深入含水层内用不断抽水方式使地下水位下降至坑底以下,同时使土体产生固结以方便土方开挖。

基坑降水应编制降水施工方案,其主要内容为:井点降水方法;井点管长度、构造和数量;降水设备的型号和数量井点系统布置图,井孔施工方法及设备;质量和安全技术措施;降水对周围环境影响的估计及预防措施等。

降水设备的管道、部件和附件等,在组装前必须经过检查和清洗。滤管在运输、装卸和堆放时,应防止损坏滤网。

井孔应垂直,孔径上下一致。井点管应居于井孔中心,滤管不得紧靠井孔壁或插入淤泥中。

井点管安装完毕应进行试运转,全面检查管路接头、出水状况和机械运转情况。一般开始出水混浊,经一定时间后出水应逐渐变清,对长期出水混浊的井点应予以停闭或更换。

泄水系统运转过程中应随时检查观测孔中的水位。

基坑内明排水应设置排水沟及集水井,排水沟纵坡控制在1%~2%。

降水施工完毕,根据结构施工情况和土方回填进度,陆续关闭和逐根拔出井点管。土中所留孔洞应立即用砂土填实。

基坑坑底进行压密注浆加固时,应待注浆初凝后再进行降水施工。

3. 防止或减少降水影响周围环境的技术措施

采用回灌技术。采用回灌井点时,回灌井点与降水井点的距离不宜小于6 m。

采用砂沟、砂井回灌。回灌砂井的灌砂量,应取井孔体积的95%,填料宜采用含泥量不大于3%、不均匀系数在3~5之间的纯净中粗砂。

六、岩土工程与基坑监测技术

1. 岩土工程

建筑地基的岩土可分为岩石、碎石土、砂土、粉土、黏性土和人工填土。人工填土根据其组成和成因又可分为素填土、压实填土、杂填土、冲填土。

《建筑基坑支护技术规程》规定,基坑支护结构可划分为三个安全等级(详见表3-5)。对于同一基坑的不同部位,可采用不同的安全等级。

表3-5　基坑支护结构等级及重要性系数

安全等级	破坏后果	重要性系数/%
一级	支护结构破坏、土体失稳或过大变形对基坑周围环境及地下结构施工影响很严重	1.10
二级	支护结构破坏、土体失稳或过大变形对基坑周围环境及地下结构施工影响严重	1.00
三级	支护结构破坏、土体失稳或过大变形对基坑周围环境及地下结构施工影响不严重	0.90

符合下列情况之一的,为一级基坑:①重要工程或支护结构做主体结构的一部分;②开挖深度大于10 m;③与邻近建筑物、重要设施的距离在开挖深度以内的基坑;④基坑范围内有历史文物、近代优秀建筑、重要管线等需严加保护的基坑。三级基坑为开挖深度小于7 m,且周围环境无特别要求时的基坑。除一级和三级外的基坑属二级基坑。

2.基坑监测

安全等级为一、二级的支护结构,在基坑开挖过程与支护结构使用期内,必须进行支护结构的水平位移监测和基坑开挖影响范围内建(构)筑物及地面的沉降监测。

基坑工程施工前,应由建设方委托具备相应资质的第三方对基坑工程实施现场检测。监测单位应编制监测方案,经建设方、设计方、监理方等认可后方可实施。

基坑围护墙或基坑边坡顶部的水平和竖向位移监测点应沿基坑周边布置,周边中部、阳角处应布置监测点。监测点水平间距不宜大于15~20 m,每边监测点数不宜少于3个。监测点宜设置在围护墙或基坑坡顶上。

监测项目初始值应在相关施工工序之前测定,并取至少连续观测3次的稳定值的平均值。

基坑工程监测报警值应由监测项目的累计变化量和变化速率值共同控制。当监测数据达到监测报警值时,必须立即通报建设方及相关单位。

基坑内采用深井降水时水位监测点宜布置在基坑中央和两相邻降水井的中间部位;采用轻型井点、喷射井点降水时,水位监测点宜布置在基坑中央和周边拐角处。监测点间距宜为20~50 m。

地下水位量测精度不宜低于10 mm。

　　基坑监测项目的监测频率应由基坑类别、基坑及地下工程的不同施工阶段以及周边环境、自然条件的变化和当地经验确定。当出现以下情况之一时，应提高监测频率：①监测数据达到报警值；②监测数据变化较大或者速率加快；③存在勘查未发现的不良地质体；④超深、超长开挖或未及时加撑等违反设计工况施工；⑤基坑附近地面荷载突然增大或超过设计限值；⑥周边地面突发较大沉降、不均匀沉降或出现严重开裂；⑦支护结构出现开裂；⑧邻近建筑突发较大沉降、不均匀沉降或出现严重开裂；⑨基坑及周边大量积水长时间连续降雨、市政管道出现泄漏；⑩基坑底部、侧壁出现管涌、渗漏或流沙等现象；⑪基坑发生事故后重新组织施工。

第三节　主体结构工程施工技术

一、钢筋混凝土结构施工技术

(一)模板工程

模板工程主要包括模板和支架两部分。

1.常见模板体系及其特性

常见模板体系主要有木模板体系、组合钢模板体系、钢框木(竹)胶合板模板体系、大模板体系、散支散拆胶合板模板体系和早拆模板体系(详见表3-6)。

表3-6　常见模板体系及其特点

模板体系	特点
木模板体系	优点是制作、拼装灵活，较适用于外形复杂或异形混凝土构件，以及冬期施工的混凝土工程；缺点是制作量大，木材资源浪费大等
组合钢模板体系	优点是轻便灵活、拆装方便、通用性强、周转率高等；缺点是接缝多且严密性差，导致混凝土成型后外观质量差
钢框木(竹)胶合板模板体系	与组合钢模板相比，其特点为自重轻、用钢重火、面积大模板拼缝少维修方便等
大模板体系	由板面结构、支撑系统、操作平台和附件等组成。其特点是以建筑物的开间、进深和层高为大模板尺寸；其优点是模板整体性好、抗震性强、无拼缝等；缺点是模板重量大，移动安装需起重机械吊运

模板体系	特点
散支散拆胶合板模板体系	自重轻、板幅大、板面平整、施工安装方便简单等
早拆模板体系	部分模板可早拆,加快周转,节约成本

除上述模板体系外,还有滑升模板、爬升模板、飞模、模壳模板、胎模、永久性压型钢板模板和各种配筋的混凝土薄板模板等。

2.模板工程设计的主要原则

模板工程设计的主要原则是实用性、安全性和经济性。

3.模板及支架设计的主要内容

模板及支架设计的主要内容包括:①模板及支架的选型及构造设计;②模板及支架上的荷载及其效应计算;③模板及支架的承载力、刚度和稳定性验算;④绘制模板及支架施工图。

4.模板工程安装要点

对跨度不小于4 m的现浇钢筋混凝土梁、板,其模板应按设计要求起拱;当设计无具体要求时,起拱高度应为跨度的1/1 000～3/1 000。

采用扣件式钢管作高大模板支架的立杆时,支架搭设应完整。立杆上应每步设置双向水平杆,水平杆应与立杆扣接;立杆底部应设置垫板。

安装现浇结构的上层模板及其支架时,下层楼板应具有承受上层荷载的承载能力,或加设支架;上、下层支架的立柱应对准,并铺设垫板;模板及支架杆件等应分散堆放。

模板的接缝不应漏浆;在浇筑混凝土前,木模板应浇水润湿,但模板内不应有积水。

模板与混凝土的接触面应清理干净并涂刷隔离剂,不得采用影响结构性能或妨碍装饰工程的隔离剂;脱模剂不得污染钢筋和混凝土接槎处。

模板安装应与钢筋安装配合进行,梁柱节点的模板宜在钢筋安装后安装。

后浇带的模板及支架应独立设置。

5.模板的拆除

模板拆除时,拆模的顺序和方法应按模板的设计规定进行。设计无规定时,可采取先支的后拆、后支的先拆,先拆非承重模板、后拆承重模板的顺序,并应从上而下进行拆除。

当混凝土强度达到设计要求时,方可拆除底模及支架;当设计无具体要求时,同条件养护试件的混凝土抗压强度应符合表3-7的规定。

表3-7　底模拆除时的混凝土强度要求

构件类型	构件跨度/m	达到设计的混凝土立方体抗压强度标准值的百分率/%
板	≤2	≥50
	>2,≤8	≥75
	>8	≥100
梁、拱、壳	≤8	≥75
	>8	>100
悬臂结构		≥100

当混凝土强度能保证其表面及棱角不受损伤时,方可拆除侧模。

快拆支架体系的支架立杆间距不应大于2 m。拆模时应保留立杆并顶托支承楼板,拆模时的混凝土强度取构件跨度2 m,并按上表的规定确定。

(二)钢筋工程

1.原材料进场检验

钢筋进场时,应按规范要求检查产品合格证、出厂检验报告,并按现行国家标准的相关规定抽取试件作力学性能检验,合格后方准使用。

2.钢筋配料

为使钢筋满足设计要求的形状和尺寸,需要对钢筋进行弯折,而弯折后钢筋各段的长度总和并不等于其在直线状态下的长度,所以要对钢筋剪切下料长度加以计算。各种钢筋下料长度计算方法如下:

真钢筋下料长度=构件长度−保护层厚度+弯钩增加长度

弯起钢筋下料长度=直段长度+斜段长度−弯曲调整值+弯钩增加长度

箍筋下料长度=箍筋周长+箍筋调整值

上述钢筋如需搭接,还应增加钢筋搭接长度。

3.钢筋代换

钢筋代换时,应征得设计单位的同意并办理相应设计变更文件。代换后钢筋的间距锚固长度、最小钢筋直径、数量等构造要求和受力、变形情况,均应符合相应规范要求。

4.钢筋连接

钢筋连接常用的方法有焊接、机械连接和绑扎连接3种(详见表3-8)。钢筋接头位置宜设置在受力较小处。同一纵向受力钢筋不宜设置两个或两个以上接头。接头末端至钢筋弯起点的距离不应小于钢筋直径的10倍。

表3-8 钢筋连接的方法

连接方法	相关要求
焊接	常用的焊接方法有电阻点焊、闪光对焊、电弧焊、电弧压力焊、气压焊、电渣压力焊等。直接承受动力荷载的结构构件中,纵向钢筋不宜采用焊接接头
机械连接	有钢筋套筒挤压连接、钢筋直螺纹套筒连接等方法。目前最常见、采用最多的方式是钢筋剥肋滚压直螺纹套筒连接,通常适用的钢筋级别为HRB335、HRB400、RRB400,适用的钢筋直径范围通常为16~50mm
绑扎连接(或搭接)	钢筋搭接长度应符合规范要求。当受拉钢筋直径大于25mm、受压钢筋直径大于28mm时,不宜采用绑扎搭接接头。轴心受拉及小偏心受拉杆件(如桁架和拱架的拉杆)的纵向受力钢筋不得采用绑扎搭接接头

5.钢筋加工

钢筋加工包括调直、除锈、下料切断、接长、弯曲成型等。

钢筋宜采用无延伸功能的机械设备进行调查,也可采用冷拉调直。当采用冷拉调查时,HPB300光圆钢筋的冷拉率不宜大于4%,HRB335、HRB400、HRB500、HRBF33、HRBF400、HRBF00及RB400带肋钢筋的冷拉率不宜大于1%。

钢筋除锈:在钢筋冷拉或调查过程中除锈,可采用机械除锈机除锈、喷砂除锈、酸洗除锈和手工除锈等方式。

钢筋下料切断可采用钢筋切断机或手动液压切断器进行。钢筋的切断口不得有马蹄形或起弯等现象。

6.钢筋安装

(1)柱钢筋绑扎

柱钢筋绑扎应在柱模板安装前进行。

纵向受力钢筋有接头时,设置在同一构件内的接头宜相互错开。

每层柱第一个钢筋接头位置距楼地面高度不宜小于500 mm、柱高的1/6及柱截面长边(或直径)的较大值。

框架梁、牛腿及柱帽等钢筋,应放在柱子纵向钢筋的内侧。如设计无特殊要求,当柱中纵向受力钢筋直径大于25 mm时,应在搭接接头两个端面外100 mm范围内各设两个箍筋,其间距宜为50 mm。

(2)墙钢筋绑扎

墙钢筋绑扎应在墙模板安装前进行。

墙的垂直钢筋每段长度不宜超过4 m(钢筋直径不大于12 mm)或6 m(钢筋直径大于12 mm)或层高加搭接长度,水平钢筋每段长度不宜超过8 m,以利绑扎。钢筋的弯钩应朝向混凝土内。

采用双层钢筋网时,在两层钢筋间应设置撑铁或绑扎架,以固定钢筋间距。

(3)梁、板钢筋绑扎

连续梁、板的上部钢筋接头位置宜设置在跨中1/3跨度范围内,下部钢筋接头位置宜设置在梁端1/3跨度范围内。

板上部的负筋要防止被踩下,特别是雨篷、挑檐、阳台等悬臂板,要严格控制负筋位置,以免拆模后断裂。

板、次梁与主梁交叉处,板的钢筋在上,次梁的钢筋居中,主梁的钢筋在下;当有圈梁或垫梁时,主梁的钢筋在上。

框架节点处钢筋穿插十分稠密时,应特别注意梁顶面主筋间的净距要有30 mm,以利于浇筑混凝土。

(4)细部构造处理

梁、柱的箍筋弯钩及焊接封闭箍筋的对焊点应沿纵向受力钢筋方向错开设置。构件同一表面,焊接封闭箍筋的对焊接头面积百分率不宜超过50%。

填充墙构造柱纵向钢筋宜与框架梁钢筋共同绑扎。

当设计无要求时,应优先保证主要受力构件和构件中主要受力方向的钢筋位置。框架节点处梁纵向受力钢筋宜置于柱纵向钢筋内侧;次梁钢筋宜放在主梁钢筋内侧;剪力墙中水平分布钢筋宜放在外部,并在墙边弯折锚固。

采用复合箍筋时,箍筋外围应封闭。

(三)混凝土工程

1.混凝土用原材料

水泥品种与强度等级应根据设计、施工要求以及工程所处环境条件确定；普通混凝土结构宜选用通用硅酸盐水泥；有抗渗抗冻融要求的混凝土,宜选用硅酸盐水泥或普通硅酸盐水泥；处于潮湿环境的混凝土结构,当使用碱活性骨料时,宜采用低碱水泥。

粗骨料宜选用粒形良好、质地坚硬的洁净碎石或卵石。粗骨料最大粒径不应超过构件截面最小尺寸的1/4,且不应超过钢筋最小净间距的3/4;对实心混凝土板,粗骨料的最大粒径不宜超过板厚的1/3,且不应超过40 mm。

细骨料宜选用级配良好、质地坚硬、颗粒洁净的天然砂或机制砂,宜选用Ⅱ区中砂。

对于有抗渗、抗冻融或其他特殊要求的混凝土,宜选用连续级配的粗骨料,最大粒径不宜大于40 mm。

未经处理的海水严禁用于钢筋混凝土和预应力混凝土拌制和养护。

应检验混凝土外加剂与水泥的适应性,符合要求方可使用。不同品种外加剂复合使用时,应注意其相容性及对混凝土性能的影响,使用前应进行试验,满足要求方可使用。严禁使用对人体产生危害、对环境产生污染的外加剂。含有尿素、氨类等有刺激性气味成分的外加剂,不得用于房屋建筑工程中。

2.混凝土配合比

混凝土配合比应根据原材料性能及对混凝土的技术要求(强度等级、耐久性和工作性等),由具有资质的试验室进行计算,并经试配、调整后确定。

混凝土配合比应采用重量比,且每盘混凝土试配量不应小于20 L。

对采用搅拌运输车运输的混凝土,当运输时间可能较长时,试配时应控制混凝土坍落度及时损失值。

试配掺外加剂的混凝土时,应采用工程使用的原材料,检测项目应根据设计及施工要求确定,检测条件应与施工条件相同。当工程所用原材料或混凝土性能要求发生变化时,应再进行试配试验。

3.混凝土的搅拌与运输

混凝土搅拌应严格掌握混凝土配合比,当掺有外加剂时,搅拌时间应适当延长。

混凝土在运输中不应发生分层、离析现象,否则应在浇筑前二次搅拌。

尽量减少混凝土的运输时间和转运次数,确保混凝土在初凝前运至现场并浇筑完毕。

采用搅拌运输车运送混凝土,运输途中及等候卸料时,不得停转;卸料前,宜快速旋转搅拌20 s以上后再卸料。当坍落度损失较大不能满足施工要求时,可在车罐内加入适量的与原配合比相同成分的减水剂。减水剂加入量应事先由试验确定,并应做出记录。

4. 泵送混凝土

泵送混凝土具有输送能力大、效率高、连续作业、节省人力等优点。

泵送混凝土配合比设计:①泵送混凝土的入泵坍落度不宜低于100 mm;②用水量与胶凝材料总量之比不宜大于0.6;③泵送混凝土的胶凝材料总量不宜小于300 kg/m³;④泵送混凝土宜掺用适量粉煤灰或其他活性矿物掺合料,掺粉煤灰的泵送混凝土配合比设计,必须经过试配确定,并应符合相关规范要求;⑤泵送混凝土掺加的外加剂品种和掺量宜由试验确定,不得随意使用,当掺用引气型外加剂时,其含气量不大于4%。

泵送混凝土搅拌时,应按规定顺序进行投料,并且粉煤灰宜与水泥同步,外加剂的添加宜滞后于水和水泥。

混凝土泵或泵车应尽可能靠近浇筑地点,浇筑时由远至近进行。混凝土供应要保证泵能连续工作。

5. 混凝土浇筑

浇筑混凝土前,应清除模板内或垫层上的杂物。表面干燥的地基、垫层、模板上应洒水湿润;现场环境温度高于35 ℃时宜对金属模板进行洒水降温;洒水后不得留有积水。

混凝土输送宜采用泵送方式。混凝土粗骨料最大粒径不大于25 mm时,应采用内径不小于125 mm的输送泵管;混凝土粗骨料最大粒径不大于40 mm时,应采用内径不小于150 mm的输送泵管。

在浇筑竖向结构混凝土前,应先在底部填入不大于30 mm厚与混凝土中水泥、砂配比成分相同的水泥砂浆;浇筑过程中混凝土不得发生离析现象。

柱、墙模板内的混凝土浇筑时,当无可靠措施保证混凝土不产生离析时,其自由倾落高度应符合如下规定：①粗骨料粒径大于25 mm时，其自由倾落高度不宜超过3 m；②粗骨料粒径不大于25 mm时，其自由倾落高度不宜超过6 m。当不能满足时，应加设串筒、溜管、溜槽等装置。

浇筑混凝土应连续进行。当必须间歇时，其间歇时间宜尽量缩短，并应在前层混凝土初凝之前，将次层混凝土浇筑完毕，否则应留置施工缝。

混凝土宜分层浇筑，分层振捣。当采用插入式振捣器振捣普通混凝土时，应快插慢拔，振捣器插入下层混凝土内的深度应不小于50 mm。

梁和板宜同时浇筑混凝土，有主次梁的楼板宜顺着次梁方向浇筑，单向板宜沿着板的长边方向浇筑；拱和高度大于1 m时的梁等结构，可单独浇筑混凝土。

6. 施工缝

施工缝的位置应在混凝土浇筑之前确定，并宜留置在结构受剪力较小且便于施工的部位。施工缝的留置位置应符合下列规定：①柱、墙水平施工缝可留设在基础、楼层结构顶面，柱施工缝与结构上表面的距离宜为0～100 mm，墙施工缝与结构上表面的距离宜为0～300 mm。②柱、墙水平施工缝也可留设在楼层结构底面，施工缝与结构下表面的距离宜为0～50 mm；当板下有梁托时，可留设在梁托下0～20 mm。③高度较大的柱、墙梁以及厚度较大的基础可根据施工需要在其中部留设水平施工缝；必要时，可对配筋进行调整，并应征得设计单位认可。④有主次梁的楼板垂直施工缝应留设在次梁跨度中间的1/3范围内。⑤单向板施工缝应留设在平行于板短边的任何位置。⑥楼梯梯段施工缝宜设置在梯段板跨度端部的1/3范围内。⑦墙的垂直施工缝宜设置在门洞口过梁跨中1/3范围内，也可留设在纵横交接处。⑧在特殊结构部位留设水平或垂直施工缝应征得设计单位同意。

在施工缝处继续浇筑混凝土时，应符合下列规定：①已浇筑的混凝土，其抗压强度不应小于1.2 N/mm²；②在已硬化的混凝土表面上，应清除水泥薄膜和松动石子及软弱混凝土层，并加以充分湿润和冲洗干净，且不得积水；③在浇筑混凝土前，宜先在施工缝处铺一层水泥浆（可掺适量界面剂）或与混凝土内成分相同的水泥砂浆；④混凝土应细致捣实，使新旧混凝土紧密结合。

7. 后浇带的设置和处理

后浇带通常根据设计要求留设，并保留一段时间（若设计无要求，则至少保留14天并经设计确认)后再浇筑,将结构连成整体。

后浇带应采取钢筋防锈或阻锈等保护措施。

填充后浇带,可采用微膨胀混凝土,强度等级比原结构强度提高二级,并保持至少14天的湿润养护。后浇带接缝处按施工缝的要求处理。

8.混凝土的养护

混凝土浇筑后应及时进行保湿养护,保湿养护可采用洒水、覆盖、喷涂养护剂等方式。选择养护方式应考虑现场条件、环境温湿度、构件特点、技术要求、施工操作等因素。

对已浇筑完毕的混凝土,应在混凝土终凝前(通常为混凝土浇筑完毕后8~12 h内)开始进行自然养护。

混凝土的养护时间,应符合下列规定:①采用硅酸盐水泥、普通硅酸盐水泥或矿渣硅酸盐水泥配制的混凝土,不应少于7天;采用其他晶种水泥时,养护时间应根据水泥性能确定。②采用缓凝型外加剂、大掺量矿物掺合料配制的混凝土,不应少于14天。③抗渗混凝土、强度等级C60及以上的混凝土,不应少于14天。④后浇混凝土的养护时间不应少于14天。⑤地下室底层墙、柱和上部结构首层墙、柱宜适当增加养护时间。

9.大体积混凝土施工

大体积混凝土施工应编制施工组织设计或施工技术方案。大体积混凝土施工前,宜对施工阶段大体积混凝土浇筑体的温度、温度应力及收缩应力进行试算,并确定升温峰值、里表温差及降温速率的控制指标,制定相应的温控技术措施。

温控指标宜符合下列规定:①混凝土浇筑体在入模温度基础上的温升值不宜大于50 ℃。②混凝土浇筑块体的里表温差(不含混凝土收缩的当量温度)不宜大于25 ℃。③混凝土浇筑体的降温速率不宜大于2.0 ℃/d。④混凝土浇筑体表面与大气温差不宜大于20 ℃。

配制大体积混凝土所用水泥应选用中、低热硅酸盐水泥或低热矿渣硅酸盐水泥,大体积混凝土施工所用水泥,其3天的水化热不宜大于240 kJ/kg,7天的水化热不宜大于270 kJ/kg。细骨料宜采用中砂,粗骨料宜选用粒径5~31.5 mm,并连续级配;当采用非泵送施工时,粗骨料的粒径可适当增大。

大体积混凝土采用混凝土60天或90天强度作为指标时,应将其作为混凝土配合比的设计依据。所配制的混凝土拌合物,到浇筑工作面的坍落度不宜低于160 mm。拌合水用量不宜大于175 kg/m³;水胶比不宜大于0.50,砂率宜为35%~42%;拌合物泌水量宜小于10 L/m³。

当运输过程中出现离析或使用外加剂进行调整时,搅拌运输车应进行快速搅拌,搅拌时间应不小于120 s;运输过程中严禁向拌合物中加水。运输过程中,坍落度损失或离析严重,经补充外加剂或快速搅拌已无法恢复混凝土拌合物的工艺性能时,不得浇筑入模。

大体积混凝土工程的施工宜采用整体分层连续浇筑施工或推移式连续浇筑,施工层间最长的间歇时间不应大于混凝土的初凝时间。混凝土浇筑宜从低处开始,沿长边方向自一端向另一端进行。当混凝土供应量有保证时,亦可多点同时浇筑。混凝土宜采用二次振捣工艺。整体连续浇筑时每层浇筑厚度宜为300~500 mm。

超长大体积混凝土施工,应选用下列方法控制结构不出现有害裂缝:①留置变形缝;②后浇带施工;③跳仓法施工(跳仓间隔施工的时间不宜小于7天)。

大体积混凝土浇筑面应及时进行二次抹压处理。

大体积混凝土应进行保温保湿养护,在每次混凝土浇筑完毕后,除应按普通混凝土进行常规养护外,尚应及时按温控技术措施的要求进行保温养护。保湿养护的持续时间不得少于14天,保持混凝土表面湿润。保温覆盖层的拆除应分层逐步进行,当混凝土的表面温度与环境最大温差小于20 ℃时,可全部拆除。在混凝土浇筑完毕初凝前,宜立即进行喷雾养护工作。

大体积混凝土浇筑体里表温差、降温速率、环境温度及温度应变的测试,在混凝土浇筑后1~4天,每4 h不得少于1次;5~7天,每8 h不得少于1次;7天后,每12 h不得少于1次,直至测温结束。

二、砌体结构工程施工技术

(一)砌体结构的特点

砌体结构是以块材和砂浆砌筑而成的墙、柱作为建筑物主要受力构件的结构,是砖砌体、砌块砌体和石砌体结构的统称。砌体结构具有如下特点:①容易就地取材,比使用水泥、钢筋和木材造价低;②具有较好的耐久性、良好的耐火性;③保温隔热性能好,节能效果好;④施工方便,工艺简单;⑤具有承重与围护双重功能;⑥自重大,抗拉、抗剪、抗弯能力低;⑦抗震性能差;⑧砌筑工程量繁重,生产效率低。

(二)砌筑砂浆

1.砂浆原材料要求

水泥:水泥进场时应对其品种、等级、包装或散装仓号、出厂日期等进行检查,并应对其强度、安定性进行复验。水泥强度等级应根据砂浆品种及强度等级的要求进行选择,M15及以下强度等级的砌筑砂浆宜选用32.5级的通用硅酸盐水泥或砌筑水泥;M15以上强度等级的砌筑砂浆宜选用42.5级普通硅酸盐水泥。

砂:宜用过筛中砂,砂中不得含有有害杂物。

拌制水泥混合砂浆的建筑生石灰、建筑生石灰粉熟化为石灰膏,其熟化时间分别不得少于7天和2天。

2.砂浆配合比

砌筑砂浆配合比应通过有资质的实验室,根据现场实际情况试配确定,并同时满足稠度、分层度和抗压强度的要求。

当砂浆的组成材料有变更时,应重新确定配合比。

砌筑砂浆的稠度通常为30~90mm;在砌筑材料为粗糙、多孔且吸水较大的块料或在干热条件下砌筑时,应选用较大稠度值的砂浆,反之应选用稠度值较小的砂浆。

砌筑砂浆的分层高度不得大于30mm,确保砂浆具有良好的保水性。

施工中不应采用强度等级小于M5水泥砂浆替代同强度等级水泥混合砂浆,如需替代,应将水泥砂浆提高一个强度等级。

3.砂浆的拌制及使用

砂浆现场拌制时,各组分材料应采用重量计量。

砂浆应采用机械搅拌,搅拌时间自投料完算起:水泥砂浆和水泥混合砂浆不得少于120s;水泥粉煤灰砂浆和掺用外加剂的砂浆不得少于180s;掺液体增塑剂的砂浆,应先将水泥、砂干拌混合均匀后,将混有增塑剂的拌合水倒入干混砂浆中继续搅拌;掺固体增塑剂的砂浆,应先将水泥、砂和增塑剂干拌混合均匀后,将拌合水倒入其中继续搅拌,从加水开始,搅拌时间不应少于210s。

现场拌制的砂浆应随拌随用,拌制的砂浆应在3h内使用完毕;当施工期间最高气温超过30℃时,应在2h内使用完毕。预拌砂浆及蒸压加气混凝土砌块专用砂浆的使用时间应按照厂家提供的说明书确定。

4.砂浆强度

由边长为70.7 cm的正方体试件,经过28天标准养护,测得一组3块试件的抗压强度值来评定。

砂浆试块应在搅拌机出料口随机取样、制作,同盘砂浆应制作一组试块。

每检验一批不超过250 m³砌体的各种类型及强度等级的砌筑砂浆,每台搅拌机应至少抽验一次。

(三)砖砌体工程

砌筑烧结普通砖、烧结多孔砖、蒸压灰砂砖、蒸压粉煤灰砖砌体时,砖应提前1~2天适度湿润,严禁采用干砖或处于吸水饱和状态的砖砌筑,块体湿润程序宜符合下列规定:①烧结类块体的相对含水率为60%~70%;②混凝土多孔砖及混凝土实心砖不须浇水湿润,但在气候干燥、炎热的情况下,宜在砌筑前对其喷水湿润。其他非烧结类块体的相对含水率宜为40%~50%。

砌筑方法有"三一"砌筑法、挤浆法(铺浆法)、刮浆法和满口灰法四种。通常宜采用"三一"砌筑法,即一铲灰、一块砖、一揉压的砌筑方法。当采用铺浆法砌筑时,铺浆长度不得超过750 mm,施工期间气温超过30 ℃时,铺浆长度不得超过500 mm。

设置皮数杆:在砖砌体转角处、交接处应设置皮数杆,皮数杆上标明砖皮数、灰缝厚度以及竖向构造的变化部位。皮数杆间距不应大于15 m。在相对两皮数杆上砖上边线处拉水准线。

砖墙砌筑形式:根据砖墙厚度不同,可采用全顺、两平一侧、全丁、一顺一丁、梅花丁或三顺一丁等砌筑形式。

240 mm厚承重墙的每层墙的最上一皮砖,砖砌体的阶台水平面上及挑出层的外皮砖,应整砖丁砌。

弧拱式及平拱式过梁的灰缝应砌成楔形缝,拱底灰缝宽度不宜小于5 mm,拱顶灰缝宽度不应大于15 mm,拱体的纵向及横向灰缝应填实砂浆;平拱式过梁拱脚下面应伸入墙内不小于20 mm;砖砌平拱过梁底应有1%的起拱。

砖过梁底部的模板及其支架拆除时,灰缝砂浆强度不应低于设计强度的75%。

砖墙灰缝宽度宜为10 mm,且不应小于8 mm,也不应大于12 mm。砖墙的水平灰缝砂浆饱满度不得小于80%;垂直灰缝宜采用挤浆或加浆方法,不得出现透明缝、瞎缝和假缝。

在砖墙上留置临时施工洞口,其侧边离交接处墙面不应小于500 mm,洞口净宽不应超过1 m。抗震设防烈度为9度地区建筑物的施工洞口位置,应会同设计单位确定。临时施工洞口应做好补砌。

不得在下列墙体或部位设置脚手眼:①120 mm厚墙、清水墙、料石墙、独立柱和附墙柱;②过梁上与过梁成60°角的三角形范围及过梁净跨度1/2的高度范围内;③宽度小于1 m的窗间墙;④门窗洞口两侧石砌体300 mm,其他砌体200 mm范围内;转角处石砌体600 mm,其他砌体450 mm范围内;⑤梁或梁垫下及其左右500 mm范围内;⑥设计不允许设置脚手眼的部位;⑦轻质墙体;⑧夹心复合墙外叶墙。

脚手眼补砌时,应清除脚手眼内掉落的砂浆、灰尘;脚手眼处砖及填塞用砖应湿润,并应填实砂浆,不得用干砖填塞。

设计要求的洞口、沟槽、管道应于砌筑时正确留出或预埋,未经设计同意,不得打凿墙体和在墙体上开凿水平沟槽。宽度超过300 mm的洞口上部,应有钢筋混凝土过梁。不应在截面长边小于500 mm的承重墙体、独立柱内埋设管线。

砖砌体的转角处和交接处应同时砌筑,严禁无可靠措施的内外墙分砌施工。在抗震设防烈度为8度及以上地区,对不能同时砌筑而又必须留置的临时间断处应砌成斜槎,普通砖砌体斜槎水平投影长度不应小于高度的2/3,多孔砖砌体的斜槎长高比不应小于1/2。斜槎高度不得超过一步脚手架的高度。

非抗震设防及抗震设防烈度为6度、7度地区的临时间断处,当不能留斜槎时,除转角处外,可留直槎,但直槎必须做成凸槎,且应加设拉结钢筋。拉结钢筋应符合下列规定:①每12 mm厚墙放置16拉结钢筋(120 mm厚墙放置246拉结钢筋);②间距沿墙高不应超过500 mm,且竖向间距偏差不应超过100 mm;③埋入长度从留槎处算起每边均不应小于500 mm,抗震设防烈度6度、7度地区,不应小于1 000 mm;④末端应有90°弯钩。

设有钢筋混凝土构造柱的抗震多层砖房,应先绑扎钢筋,然后砌砖墙,最后浇筑混凝土。墙与柱应沿高度方向每500 mm设246拉筋,每边伸入墙内不应少于1 m;构造柱应与圈梁连接;砖墙应砌成马牙槎,每一马牙槎沿高度方向的尺寸不超过300 mm,马牙槎从每层柱脚开始,先退后进。该层构造柱混凝土浇筑完以后,才能进行上一层施工。

砖墙工作段的分段位置,宜设在变形缝、构造柱或门窗洞口处;相邻工作段的砌筑高度不得超过一个楼层高度,也不宜大于4 m。

正常施工条件下,砖砌体每日砌筑高度宜控制在1.5 m或一步脚手架高度内。

(四)混凝土小型空心砌块砌体工程

混凝土小型空心砌块(简称小砌块)分为普通混凝土小型空心砌块和轻集料混凝土小型空心砌块两种。

施工采用的小砌块的产品龄期不应小于28天。承重墙体使用的小砌块应完整、无破损、无裂缝。砌筑小砌块砌体,宜选用专用小砌块砌筑砂浆。

普通混凝土小型空心砌块砌体,不须对其浇水湿润;如遇天气干燥、炎热,宜在砌筑前对其喷水湿润;对轻集料混凝土小型空心砌块,应提前浇水湿润,块体的相对含水率宜为40% ~ 50%。雨天及小砌块表面有浮水时,不得施工。

施工前,应按房屋设计图编绘小砌块平、立面排块图,施工中应按排块图施工。

当砌筑厚度大于190 mm的小砌块墙体时,宜在墙体内外侧双面挂线。小砌块应将生产时的底面朝上反砌于墙上,小砌块墙体宜逐块坐(铺)浆砌筑。

底层室内地面以下或防潮层以下的砌体,应采用强度等级不低于C20(或Cb20)的混凝土灌实小砌块的孔洞。

在散热器、厨房和卫生间等设置的卡具安装处砌筑的小砌块,宜在施工前用强度等级不低于C20(或Cb20)的混凝土将其孔洞灌实。

小砌块墙体应孔对孔、肋对肋错缝搭砌。单排孔小砌块的搭接长度应为砌体长度的1/2;多排孔小砌块的搭接长度可适当调整,但不宜小于小砌块长度的1/3,且不应小于90 mm。墙体的个别部位不能满足上述要求时,应在此部位水平灰缝中设置φ4钢筋网片,且网片两端与该位置的竖缝距离不得小于400 mm,或采用配块。墙体竖向通缝不得超过两排小砌块,独立柱不允许有竖向通缝。

砌筑应从转角或定位处开始,内外墙同时砌筑,纵横交错搭接。外墙转角处应使小砌块隔皮露端面;T形交接处应使横墙小砌块隔皮露端面。

墙体转角处和纵横交接处应同时砌筑。临时间断处应砌成斜槎,斜槎水平投影长度不应小于斜槎高度。临时施工洞口可预留直槎,但在补砌洞口时,应在直槎上下搭砌的小砌块孔洞内用强度等级不低于 Cb20(或 C20)的混凝土灌实。

厚度为 190 mm 的自承重小砌块墙体宜与承重墙同时砌筑。厚度小于 190 mm 的自承重小砌块墙宜后砌,且应按设计要求预留拉结筋或钢筋网片。

(五)填充墙砌体工程

砌筑填充墙时,轻集料混凝土小型空心砌块和蒸压加气混凝土砌块的产品龄期不应小于 28 天,蒸压加气混凝土砌块的含水率宜小于 30%。

砌块进场后应按品种、规格堆放整齐,堆置高度不宜超过 2 m。蒸压加气混凝土砌块在运输及堆放中应防止雨淋。

吸水率较小的轻集料混凝土小型空心砌块及采用薄灰砌筑法施工的蒸压加气混凝土砌块,砌筑前不应对其浇(喷)水湿润。

轻集料混凝土小型空心砌块或蒸压加气混凝土砌块墙如无切实有效措施,不得使用于下列部位或环境:①建筑物防潮层以下部位墙体;②长期浸水或化学侵蚀环境;③砌块表面温度高于 80℃的部位;④长期处于有振动源环境的墙体。

在厨房、卫生间、浴室等处采用轻集料混凝土小型空心砌块、蒸压加气混凝土砌块砌筑墙体时,墙底部宜现浇混凝土坎台,其高度宜为 150 mm。

蒸压加气混凝土砌块、轻集料混凝土小型空心砌块不应与其他块体混砌,不同强度等级的同类块体也不得混砌。

烧结空心砖砌体组砌时,应上下错缝,交接处应咬槎搭砌,掉角严重的空心砖不宜使用。转角及交接处应同时砌筑,不得留直槎;留斜槎时,斜槎高度不宜大于 1.2 m。

蒸压加气混凝土砌块填充墙砌筑时应上下错缝,搭砌长度不宜小于砌块长度的 1/3,且不应小于 150 mm。不能满足时,在水平灰缝中应设置 26 钢筋或 φ4 钢筋网片加强,每侧搭接长度不宜小于 700 mm。

三、钢结构工程施工技术

(一)钢结构构件的连接

钢结构的连接方法有焊接、螺栓连接和铆接。

1. 焊接

焊接是钢结构加工制作中的关键步骤。根据建筑工程中钢结构常用的焊接方法,按焊接的自动化程度一般分为手工焊接、半自动焊接和全自动焊接3种。全自动焊接的方法有埋弧焊、气体保护焊、熔化嘴电渣焊、非熔化嘴电渣焊4种。

焊工应经考试合格并取得资格证书,且在认可的范围内进行焊接作业,严禁无证上岗。

焊缝缺陷通常分为裂纹、孔穴、固体夹杂、未熔合、未焊透、形状缺陷和其他缺陷。其产生原因和处理方法详见表3-9。

表3-9 焊缝缺陷原因的产生和处理方法

焊缝缺陷	产生原因和处理方法
裂纹	通常有热裂纹和冷裂纹之分。产生热裂纹的主要原因是母材抗裂性能差、焊接材料质量不好、焊接工艺参数选择不当、焊接内应力过大等;产生冷裂纹的主要原因是焊接结构设计不合理、焊缝布置不当、焊接工艺措施不合理,如焊前未预热、焊后冷却快等。处理方法是在裂纹两端钻止裂孔或铲除裂纹处的焊缝金属,进行补焊
孔穴	通常分为气孔和弧坑缩孔两种。产生气孔的主要原因是焊条药皮损坏严重、焊条和焊剂未烘烤、母材有油污或锈和氧化物、焊接电流过小、弧长过长、焊接速度太快等,其处理方法是铲去气孔处的焊缝金属,然后补焊。产生弧坑缩孔的主要原因是焊接电流太大且焊接速度太快、熄弧太快,未反复向熄弧处补充填充金属等,其处理方法是在弧坑处补焊
固体夹杂	有夹渣和夹钨两种缺陷。产生夹渣的主要原因是焊接材料质量不好、焊接电流太小、焊接速度太快、渣密度太大、阻碍熔渣上浮、多层焊时熔渣未清除干净等,其处理方法是铲除夹渣处的焊缝金属,然后焊补。产生夹钨的主要原因是氩弧缝金属,重新焊补
未熔合、未焊透	产生的主要原因是焊接电流太小、焊接速度太快、坡口角度间隙太小、操作技术不佳等。对于未熔合的处理方法是铲除未熔合处的焊缝金属后补焊。对于未焊透的处理方法是对开敞性好的结构的单面未焊透,可在焊缝背面直接补焊。对于不能直接焊补的重要焊件,应铲去未焊透的焊缝金属,重新焊接
形状缺陷	包括咬边、焊瘤、下焓、根部收缩、错边、角度偏差、焊缝超高、表面不规则等。处理方法有铲除缺陷金属后焊补,或钻止孔裂后焊补等。具体依据缺陷类型而定。

其他缺陷主要包括电弧擦伤、下溅、表面撕裂等。

2.螺栓连接

钢结构中使用的连接螺栓一般分为普通螺栓和高强度螺栓两种。

(1)普通螺栓

常用的普通螺栓有六角螺栓、双头螺栓和地脚螺栓等。

制孔可采用钻孔、冲孔、铣孔、铰孔、镗孔和锪孔等方法,对直径较大或长形孔采用气割制孔,严禁气割扩孔。

普通螺栓的紧固次序应从中间开始,对称向两边进行。

对大型接头应采用复拧,即两次紧固方法,保证接头内各个螺栓能均匀受力。

(2)高强度螺栓

高强度螺栓按连接形式通常分为摩擦连接、张拉连接和承压连接等,其中摩擦连接是目前广泛采用的基本连接形式。

高强度螺栓连接处的摩擦面的处理方法通常有喷砂(丸)法、酸洗法、砂轮打磨法和钢丝刷人工除锈法等。可根据设计抗滑移系数的要求选择处理工艺,抗滑移系数必须满足设计要求。

安装环境气温不宜低于−10 ℃,当摩擦面潮湿或暴露于雨雪中时,应停止作业。

高强度螺栓安装时应先使用安装螺栓和冲钉。高强度螺栓不得兼做安装螺栓。

高强度螺栓现场安装时应能自由穿入螺栓孔,不得强行穿入。螺栓不能自由穿入时,可采用铰刀或锉刀修整螺栓孔,不得采用气割扩孔,扩孔数量应征得设计同意,修整后或扩孔后的孔径不应超过1.2倍螺栓直径。

高强度螺栓超拧的应更换,并废弃换下的螺栓,不得重复使用。严禁用火焰或电焊切割高强度螺栓梅花头。

高强度螺栓长度应以螺栓连接副终扩后外露2~3扣丝为标准计算,应在构件安装精度调整后进行拧紧。对于扭剪型高强度螺栓的终拧检查,以目测尾部梅花头拧断为合格。

高强度大六角头螺栓连接副施拧可采用扭矩法或转角法。同一接头中,高强度螺栓连接副的初拧、复拧、终拧应在24 h内完成。高强度螺栓连接副初拧、复拧和终拧的顺序原则上是从接头刚度较大的部位向约束较小的部位、从螺栓群中央向四周进行。

3.铆接

铆接是用铆钉把两个或更多零件连接成不可拆卸整体的操作方法。

钢结构构件的铆接是一种重要的连接方式,广泛应用于建筑、航空航天、汽车制造等领域。铆接是通过将铆钉插入预先钻好的孔中,然后利用铆接工具将铆钉的尾部变形,从而使其牢固地连接两个或多个钢结构构件。

在进行钢结构构件的铆接时,首先需要选择合适的铆钉类型和规格。这取决于被连接材料的性质、厚度以及连接部位所受的力。例如,对于较厚的金属板,应选择具有较大直径和长度的铆钉,以确保连接的牢固性。

铆接过程中,应确保铆钉正确穿入孔中,并使用适当的铆接工具施加均匀的压力,使铆钉尾部变形并紧密贴合被连接材料。铆接完成后,应对连接部位进行质量检查,确保铆钉完全嵌入并牢固连接。此外,根据连接需求,可以选择不同的铆接方法,如冷铆和热铆。冷铆适用于较薄的金属板,而热铆则适用于较厚的金属板或需要承受较大载荷的连接部位。

总的来说,钢结构构件的铆接是一种可靠、经济的连接方式,能够确保钢结构的安全性和稳定性。在铆接过程中,应选择合适的铆钉、掌握正确的操作方法,并进行严格的质量检查,以确保连接质量。

(二)钢结构涂装

钢结构涂装工程通常分为防腐涂料(油漆类)涂装和防火涂料涂装两类。通常情况下,先进行防腐涂料涂装,再进行防火涂料涂装。

1.防腐涂料涂装

钢结构防腐涂装施工宜在钢构件组装和预拼装工程检验批的施工质量验收合格后进行。钢构件采用防腐涂料涂装时,可采用机械除锈和手工除锈方法进行处理。油漆防腐涂装可采用涂刷法、手工滚涂法、空气喷涂法和高压无气喷涂法。

2.防火涂料涂装

钢结构防火涂料涂装施工应在钢结构安装工程和防腐涂装工程检验批施工质量验收合格后进行。当设计文件规定钢构件可不进行防腐涂装时,安装验收合格后可直接进行防火涂料涂装施工。

防火涂料按涂层厚度可分为CB、B、H三类:①CB类,超薄型钢结构防火涂料,涂层厚度小于或等于3 mm;②B类,薄型钢结构防火涂料,涂层厚度一般为3~7 mm;③H类,厚型钢结构防火涂料,涂层厚度一般为7~45 mm。

防火涂料施工可采用喷涂、抹涂或滚涂等方法。涂装施工通常采用喷涂方法施涂。

防火涂料可按产品说明在现场进行搅拌或调配。当天配置的涂料应在产品说明书规定的时间内用完。

厚涂型防火涂料，有下列情况之一时，宜在涂层内设置与钢构件相连的钢丝网或其他相应的措施：①承受冲击、振动荷载的钢梁；②涂层厚度等于或大于40 mm的钢梁和桁架；③涂料粘结强度小于或等于0.05 MPa的钢构件；④钢板墙和腹板高度超过1.5 m的钢梁。

四、预应力混凝土工程施工技术

（一）预应力混凝土的分类

按预应力的方式可分为先张法预应力混凝土和后张法预应力混凝土（详见表3-10）。

表3-10　预应力混凝土的分类

分类	定义	特点
先张法预应力混凝土	是在台座或钢模上先张拉预应力筋并用夹具临时固定，再浇筑混凝土，待混凝土达到一定强度后，放张并切断构件外预应力筋的方法	先张拉预应力筋后，再浇筑混凝土；预应力是靠预应力筋与混凝土之间的粘结力传递给混凝土，并使其产生预压应力的
后张法预应力混凝土	是先浇筑构件或结构混凝土，等达到一定强度后，在构件或结构的预留孔内张拉预应力筋，然后用锚具将预应力筋固定在构件或结构上的方法	先浇筑混凝土，达到一定强度后，再在其上张拉预应力筋；预应力是靠锚具传递给混凝土，并使其产生预压应力的

在后张法中，按预应力筋粘结状态又可分为：有粘结预应力混凝土和无粘结预应力混凝土。其中，无粘结预应力是近年来发展起来的新技术，其做法是在预应力筋表面涂敷防腐润滑油脂，并外包塑料护套制成无粘结预应力筋后如同普通钢筋一样铺设在支好的模板内；然后，浇筑混凝土，待混凝土强度达到设计要求后再张拉锚固。其特点是不需预留孔道和灌浆、施工简单等。

（二）预应力混凝土施工技术

预应力混凝土施工技术详见表3-11。

表3-11 预应力混凝土施工技术

方法		施工技术
先张法预应力施工		①在先张法中,施加预应力宜采用一端张拉工艺,张拉控制应力和程序按图纸设计要求进行。张拉时,根据构件情况可采用单根、多根或整体一次进行张拉。当采用单根张拉时,其张拉顺序宜由下向上,由中到边(对称)进行。全部张拉工作完毕,应立即浇筑混凝土。超过24 h尚未浇筑混凝土时,必须对预应力筋进行再次检查;如检查的应力值与允许值差超过误差范围时,必须重新张拉。②先张法预应力筋张拉后与设计位置的偏差不得大于5mm,且不得大于构件截面短边边长的4%。在浇筑混凝土前,发生断裂或滑脱的预应力筋必须予以更换。③预应力筋放张时,混凝土强度应符合设计要求;当设计无要求时,不应低于设计的混凝土立方体抗压强度标准值的75%。放张时宜缓慢放松锚固装置,使各根预应力筋同时缓慢放松
后张法预应力施工	有粘连	①预应力筋张拉时,混凝土强度必须符合设计要求;当设计无具体要求时,不应低于设计的混凝土立方体抗压强度标准值的75%。②张拉程序和方式要符合设计要求;通常,预应力筋张拉方式有一端张拉、两端张拉、分批张拉、分阶段张拉、分段张拉和补偿张拉等方式。张拉顺序采用对称张拉的原则;对于平卧重量构件张拉顺序宜先上后下逐层进行,每层对称张拉,为了减少因上下层之间摩擦引起的预应力损失,可逐层适当加大张拉力。③预应力筋的张拉以控制张拉力值(预先换算成油压表读数)为主,以预应力筋张拉伸长值校核。对后张法预应力结构构件,断裂或滑脱的预应力筋数量严禁超过同一截面预应力筋总数的3%,且每束钢丝不得超过一根。④预应力筋张拉完毕后应及时进行孔道灌浆,灌浆用水泥浆28天标准养护抗压强度不得低于30MPa
	无粘连	在无粘结预应力施工中,主要工作是无粘结预应力筋的铺设、张拉和锚固区的处理:①无粘结预应力筋的铺设。一般在普通钢筋绑扎后期开始铺设无粘结预应力筋,并与普通钢筋绑扎穿插进行。②无粘结预应力筋端头承压板应严格按设计要求的位置用钉子固定在端模板上或用点焊固定在钢筋上,确保无粘结预应力曲线筋或折线筋末端的切线与承压板相垂直,并确保就位安装牢固,位置准确。③无粘结预应力筋的张拉应严格按设计要求进行。通常预应力混凝土楼盖的张拉顺序是先张拉楼板、后张拉楼面梁。板中的无粘结筋可依次张拉,梁中的无粘结筋可对称张拉(两端张拉或分段张拉)。正式张拉之前,宜用千斤顶将无粘结预应力筋先往复抽动1～2次后再张拉,以降低摩阻力。张拉验收合格后,按图纸设计要求及时做好封锚处理工作,确保锚固区密封,严防水汽进入,锈蚀预应力筋和锚具等

第四节 防水工程施工技术

一、屋面与室内防水工程施工技术

(一)屋面防水工程技术要求

1.屋面防水等级和设防要求

屋面防水工程应根据建筑物的类别、重要程度、使用功能要求确定防水等级,并应按相应等级进行防水设防;对防水有特殊要求的建筑屋面,应进行专项防水设计。屋面防水等级和设防要求应符合表3-12的规定。例如建筑高度为30 m的办公楼,其防水等级为I级,应采用两道防水设防。

表3-12 屋面防水等级和设防要求

防水等级	建筑类别	设防要求
I级	重要建筑和高层建筑	两道防水设防
II级	一般建筑	一道防水设防

2.屋面防水的基本要求

屋面防水应以防为主,以排为辅。在完善设防的基础上,应选择正确的排水坡度,将水迅速排走,以减少渗水的机会。混凝土结构层宜采用结构找坡,坡度不应小于3%;当采用材料找坡时,宜采用质量轻、吸水率低和有一定强度的材料,坡度宜为2%。找坡应按屋面排水方向和设计坡度要求进行,找坡层最薄处厚度不宜小于20 mm。

保温层上的找平层应在水泥初凝前压实抹平,并应留设分格缝,缝宽宜为5~20 mm,纵横缝的间距不宜大于6 m。水泥终凝前完成收水后应二次压光,并应及时取出分格条。养护时间不得少于7天。卷材防水层的基层与突出屋面结构的交接处,以及基层的转角处,找平层均应做成圆弧形,且应整齐、平顺。

严寒和寒冷地区屋面热桥部位,应按设计要求采取节能保温等隔断热桥措施。

找平层设置的分格缝可兼作排气道,排气道的宽度宜为40 mm;排气道应纵横贯通,并应与连通大气的排气孔相通,排气孔可设在檐口下或纵横排气道的交叉处;排气道纵横间距宜为 6 m,屋面面积每 36 m²宜设置一个排气孔,排气孔应做防水处理;在保温层下,也可铺设带支点的塑料板。

涂膜防水层的胎体增强材料宜采用聚酯无纺布或化纤无纺布;胎体增强材料长边搭接宽度不应小于 50 mm,短边搭接宽度不应小于 70 mm,上下层胎体增强材料的长边搭接缝应错开,不得小于幅宽的 1/3,上下层胎体增强材料不得相互垂直铺设。

3.卷材防水层屋面施工

卷材防水层铺贴顺序和方向应符合下列规定:①卷材防水层施工时,应先进行细部构造处理,然后由屋面最低标高向上铺贴;②檐沟、天沟卷材施工时,宜顺檐沟、天沟方向铺贴,搭接缝应顺流水方向;③卷材宜平行屋脊铺贴,上下层卷材不得相互垂直铺贴。

立面或大坡面铺贴卷材时,应采用满粘法,并宜减少卷材短边搭接。

卷材搭接缝应符合下列规定:①平行屋脊的搭接缝应顺流水方向;②同一层相邻两幅卷材短边搭接缝错开不应小于 500 mm;③上下层卷材长边搭接缝应错开,且不应小于幅宽的 1/3;④叠层铺贴的各层卷材,在天沟与屋面的交接处,应采用叉接法搭接,搭接缝应错开。搭接缝宜留在屋面与天沟侧面,不宜留在沟底。

热粘法铺贴卷材应符合的规定:①熔化热熔型改性沥青胶结料时,宜采用专用导热油炉加热,加热温度不应高于 200 ℃,使用温度不宜低于 180 ℃;②粘贴卷材的热熔型改性沥青胶结料厚度宜为 1.0~1.5 mm;③采用热熔型改性沥青胶结料铺贴卷材时,应随刮随滚铺,并应展平压实。

厚度小于 3 mm 的高聚物改性沥青防水卷材,严禁采用热熔法施工。搭接缝部位宜以溢出热熔的改性沥青胶结料为度,溢出的改性沥青胶结料宽度宜为 8 mm,并宜均匀顺直。

屋面坡度大于 25% 时,卷材应采取满粘和钉压固定措施。

4.涂膜防水层屋面施工

涂膜防水层施工应符合的规定:①防水涂料应多遍均匀涂布,并应待前一遍涂布的涂料干燥成膜后,再涂布后一遍涂料,且前后两遍涂料的涂布方向应相互垂直;②涂膜间夹铺胎体增强材料时,宜边涂布边铺胎体;③涂膜施工应先做好细部处理,再进行大面积涂布;④屋面转角及立面的涂膜应薄涂多遍,不得流淌和堆积。

涂膜防水层施工工艺应符合的规定:①水乳型及溶剂型防水涂料宜选用滚涂或喷涂施工;②反应固化型防水涂料宜选用刮涂或喷涂施工;③热熔型防水涂料宜选用刮涂施工;④聚合物水泥防水涂料宜选用刮涂施工;⑤所有防水涂料用于细部构造时,宜选用刷涂或喷涂施工。

铺设胎体增强材料应符合的规定:①胎体增强材料宜采用聚酯无纺布或化纤无纺布;②胎体增强材料长边搭接宽度不应小于50 mm,短边搭接宽度不应小于70 m;③上下层胎体增强材料的长边搭接应错开,且不得小于幅宽的1/3;④上下层胎体增强材料不得相互垂直铺设。

涂膜防水层的平均厚度应符合设计要求,且最小厚度不得小于设计厚度的80%。

5. 保护层和隔离层施工

施工完的防水层应进行雨后观察、淋水或蓄水试验,并应在合格后再进行保护层和隔离层的施工。

块体材料保护层铺设应符合的规定:①在砂结合层上铺设块体时,砂结合层应平整,块体间应预留10 mm的缝隙,缝内应填砂,并用1:2水泥砂浆勾缝;②在水泥砂浆结合层上铺设块体时,应先在防水层上做隔离层,块体间应预留10 mm的缝隙,缝内用1:2水泥砂浆勾缝;③块体表面应洁净、色泽一致,应无裂纹、掉角和缺棱等缺陷。

水泥砂浆及细石混凝土保护层铺设应符合的规定:①水泥砂浆及细石混凝土保护层铺设前,应在防水层上做隔离层;②细石混凝土铺设不宜留施工缝,当施工间隙超过时间规定时,应对接槎进行处理;③水泥砂浆及细石混凝土表面应抹平压光,不得有裂纹脱皮、麻面、起砂等缺陷。

6. 檐口、檐沟、天沟、水落口等细部的施工

卷材防水屋面檐口800 mm范围内的卷材应满粘,卷材收头应采用金属压条钉压并应用密封材料封严。檐口下端应做鹰嘴和滴水槽。

檐沟和天沟的防水层下应增设附加层,附加层伸入屋面的宽度不得小于250 mm;檐沟防水层和附加层应由沟底翻上至外侧顶部,卷材收头应用金属压条钉压,并应用密封材料封严,涂膜收头应用防水涂料多遍涂刷。女儿墙泛水

处的防水层下应增设附加层,附加层在平面和立面的宽度均不得小于250 mm。

水落口杯应牢固地固定在承重结构上,水落口周围直径500 mm范围内坡度不得小于5%,防水层下应增设涂膜附加层;防水层和附加层伸入水落口杯内不得小于50 mm,并应粘结牢固。

(二)室内防水工程施工技术

1. 施工流程

防水材料进场复试→技术交底→清理基层→结合层→细部附加层→防水层→试水试验。

2. 防水混凝土施工

防水混凝土必须按配合比准确配料。当拌合物出现离析现象时,必须进行二次搅拌后使用。当坍落度损失后不能满足施工要求时,应加入原水胶比的水泥浆或二次掺加减水剂进行搅拌,严禁直接加水。

防水混凝土应采用高频机械分层振捣密实,振捣时间宜为10~30 s。当采用自密实混凝土时,可不进行机械振捣。

防水混凝土应连接浇筑,少留施工缝。当留设施工缝时,宜留置在受剪力较小、便于施工的部位。墙体水平施工缝应留在高出楼板表面不小于300 mm的墙体上,防水混凝土终凝后应立即进行养护,养护时间不得少于14天。

防水混凝土冬期施工时,其入模温度不得低于5 ℃。

3. 防水水泥砂浆施工

基层表面应平整、坚实、清洁,并应充分湿润,无积水。

防水砂浆应采用抹压法施工,分遍成活。各层应紧密结合,每层宜连续施工。需留槎时,上下层接槎位置应错开100 mm以上,离转角20 mm内不得留接槎。

防水砂浆施工环境温度不得低于5 ℃。终凝后应及时进行养护,养护温度不得低于5 ℃,养护时间不得小于14天。

聚合物水泥防水砂浆未达到硬化状态时,不得浇水养护或直接受水冲刷,硬化后应采用干湿交替的养护方法。潮湿环境中可在自然条件下养护。

4. 涂膜防水层施工

基层应平整牢固,表面不得出现孔洞、蜂窝麻面、缝隙等缺陷;基面必须干净、无浮浆,基层干燥度应符合产品要求。

施工环境温度:水乳型涂料宜为 5 ℃~35 ℃。

涂料施工时应先对阴阳角、预埋件、穿墙(楼板)管等部位进行加强或密封处理。

涂抹防水层应多遍成活,后一遍涂料施工应待前一遍涂层表干后再进行。前后两遍的涂刷方向应相互垂直,宜先涂刷立面,后涂刷平面。

铺贴胎体增强材料时应充分浸透防水涂料,不得露胎及褶皱。胎体材料长边搭接不得小于 50 mm,短边搭接宽度不得小于 70 mm。

防水层施工完毕验收合格后,应及时做保护层。

5.卷材防水层施工

基层应平整牢固,表面不得出现孔洞、蜂窝麻面、缝隙等缺陷;基面必须干净、无浮浆,基层干燥度应符合产品要求。采用水泥基胶粘剂的基层应先充分湿润,但不得有明水。

卷材铺贴施工环境温度:采用冷粘法施工不得低于 5 ℃,热熔法施工不得低于-10 ℃。

以粘贴法施工的防水卷材,其与基层应采用满粘法铺贴。

卷材接缝必须粘贴严密。接缝部位应进行密封处理,密封宽度不得小于 10 mm。搭接缝位置距阴阳角应大于 300 mm。

防水卷材施工宜先铺立面,后铺平面。防水层施工完毕验收合格后,方可进行其他层面的施工。

二、地下防水工程施工技术

(一)地下防水工程的一般要求

地下防水工程的防水等级分为四级。防水混凝土的环境温度不得高于 80 ℃。

地下防水工程施工前,施工单位应进行图纸会审,掌握工程主体及细部构造的防水技术要求,编制防水工程施工方案。

地下防水工程必须由有相应资质的专业防水施工队伍进行施工,主要施工人员应持有建设行政主管部门或其指定单位颁发的执业资格证书。

(二)防水混凝土施工

防水混凝土可通过调整配合比,或掺加外加剂、掺合料等措施配制而成,其抗渗等级不得小于 P6。其试配混凝土的抗渗等级应比设计要求提高

0.2 MPa。

用于防水混凝土的水泥品种宜采用硅酸盐水泥、普通硅酸盐水泥。所选用石子的最大粒径不宜大于40 mm,砂宜选用中粗砂,不宜使用海砂。

在满足混凝土抗渗等级、强度等级和耐久性条件下,水胶比不得大于0.50,有侵蚀性介质时水胶比不宜大于0.45;防水混凝土宜采用预拌商品混凝土,其入泵坍落度宜控制在120~160 mm;预拌混凝土的初凝时间宜为6~8 h。

防水混凝土拌合物应采用机械搅拌,搅拌时间不宜小于2 min。

防水混凝土应分层连续浇筑,分层厚度不得大于500 mm。

防水混凝土应连续浇筑,宜少留施工缝。当留设施工缝时,应符合下列规定:①墙体水平施工缝不应留在剪力最大处或底板与侧墙的交接处,应留在高出底板表面不小于300 mm的墙体上。拱(板)墙结合的水平施工缝,宜留在拱(板)墙接缝线以下150~300 mm处。墙体有预留孔洞时,施工缝距孔洞边缘不得小于300 mm。②垂直施工缝应避开地下水和裂隙水较多的地段,并宜与变形缝相结合。

施工缝应按设计及规范要求做好施工缝防水构造。施工缝的施工应符合如下规定。

水平施工缝浇筑混凝土前,应将其表面浮浆和杂物清除,然后铺设净浆或涂刷混凝土界面处理剂、水泥基渗透结晶型防水涂料等材料,再铺30~50 mm厚的1:1水泥砂浆,并及时浇筑混凝土。

垂直施工缝浇筑混凝土前,应将其表面清理干净,再涂刷混凝土界面处理剂或水泥基渗透结晶型防水涂料,并及时浇筑混凝土。

遇水膨胀止水条(胶)应与接缝表面密贴;选用的遇水膨胀止水条(胶)应具有缓胀性能,7天的净膨胀率不宜大于最终膨胀率的60%,最终膨胀率宜大于220%。

采用中埋式止水带或预埋式注浆管时,应定位准确、固定牢靠。

大体积防水混凝土宜选用水化热低和凝结时间长的水泥,宜掺入减水剂、缓凝剂等外加剂和粉煤灰、磨细矿渣粉等掺合料。在设计许可的情况下,掺粉煤灰混凝土设计强度等级的龄期宜为60天或90天。炎热季节施工时,入模温度不得大于30 ℃。在混凝土内部预埋管道时,宜进行水冷散热。大体积防水混凝土应采取保温保湿养护,混凝土中心温度与表面温度的差值不得大于25 ℃,表面温度与大气温度的差值不得大于20 ℃,养护时间不得少于14天。

地下室外墙穿墙管必须采取止水措施,单独埋设的管道可采用套管式穿墙防水。当管道集中多管时,可采用穿墙群管的防水方法。

(三)水泥砂浆防水层施工

水泥砂浆的品种和配合比设计应根据防水工程要求确定。

水泥砂浆防水层可用于地下工程主体结构的迎水面或背水面,不应用于受持续震动或温度高于80 ℃的地下工程防水。

聚合物水泥防水砂浆厚度单层施工宜为6~8 mm,双层施工宜为10~12 mm;掺外加剂或掺合料的水泥防水砂浆厚度宜为18~20 mm。

水泥砂浆应使用硅酸盐水泥、普通硅酸盐水泥或特种水泥。砂宜采用中砂,含泥量不得大于1%。

水泥砂浆防水层施工的基层表面应平整、坚实、清洁,并应充分湿润、无明水基层表面的孔洞、缝隙,应采用与防水层相同的防水砂浆堵塞并抹平。

水泥砂浆防水层应在基础垫层、初期支护、围护结构及内衬结构验收合格后施工。施工前应将预埋件、穿墙管预留凹槽内嵌填密封材料后,再施工水泥砂浆防水层。

防水砂浆宜采用多层抹压法施工。应分层铺抹或喷射,铺抹时应压实、抹平,最后一层表面应提浆压光。

水泥砂浆防水层各层应紧密黏合,每层宜连续施工;必须留设施工缝时,应采用阶梯坡形槎,离阴阳角处的距离不得小于200 mm。

水泥砂浆防水层不得在雨天、五级及以上大风天气中施工。冬期施工时,气温不得低于5 ℃。夏季不宜在30 ℃以上或烈日照射下施工。

水泥砂浆防水层终凝后,应及时进行养护,养护温度不宜低于5 ℃,并应保持砂浆表面湿润,养护时间不得少于14天。

聚合物水泥防水砂浆拌合后应在规定的时间内用完,施工中不得任意加水。聚合物水泥防水砂浆未达到硬化状态时,不得浇水养护或直接受雨水冲刷,硬化后应采用干湿交替的养护方法。潮湿环境中,可在自然条件下养护。

(四)卷材防水层施工

卷材防水层宜用于经常处于地下水环境,且受侵蚀性介质作用或受震动作用的地下工程。

铺贴卷材严禁在雨天、雪天、五级及以上大风天气中施工;冷粘法、自粘法施工的环境气温不宜低于5℃,热熔法、焊接法施工的环境气温不宜低于−10℃。施工过程中下雨或下雪时,应做好已铺卷材的防护工作。

卷材防水层应铺设在混凝土结构的迎水面上。用于建筑地下室时,应铺设在结构底板垫层至墙体防水设防高度的结构基面上。

卷材防水层的基面应坚实、平整、清洁、干燥,阴阳角处应做成圆弧或45°坡角,其尺寸应根据卷材品种确定,并应涂刷基层处理剂;当基面潮湿时,应涂刷湿固化型胶粘剂或潮湿界面隔离剂。

设计无要求时,阴阳角等特殊部位铺设的卷材加强层宽度不得小于500 mm。

结构底板垫层混凝土部位的卷材可采用空铺法或点粘法施工,侧墙采用外防外贴法的卷材及顶板部位的卷材应采用满粘法施工。铺贴立面卷材防水层时,应采取防止卷材下滑的措施。

铺贴双层卷材时,上下两层和相邻两幅卷材的接缝应错开1/3～1/2幅宽,且两层卷材不得相互垂直铺贴。

弹性体改性沥青防水卷材和改性沥青聚乙烯胎防水卷材采用热熔法施工时应加热均匀,不得加热不足或烧穿卷材,搭接缝部位应溢出热熔的改性沥青。

采用外防外贴法铺贴卷材防水层时,应符合下列规定:①先铺平面,后铺立面,交接处应交叉搭接。②临时性保护墙宜采用石灰砂浆砌筑,内表面宜做找平层。③从底面折向立面的卷材与永久性保护墙的接触部位,应采用空铺法施工;卷材与临时性保护墙或围护结构模板的接触部位,应将卷材临时贴附在该墙上或模板上,并应将顶端临时固定。当不设保护墙时,从底面折向立面的卷材接槎部位应采取可靠保护措施。④混凝土结构完成,铺贴立面卷材时,应先将接槎部位的各层卷材揭开,并将其表面清理干净,如卷材有损坏应及时修补。卷材接槎的搭接长度,高聚物改性沥青类卷材应为150 mm,合成高分子类卷材应为100 mm;当使用两层卷材时,卷材应错槎接缝,上层卷材应盖过下层卷材。

采用外防内贴法铺贴卷材防水层时,应符合下列规定:①混凝土结构的保护墙内表面应抹厚度为20 mm的1:3水泥砂浆找平层,然后铺贴卷材。②卷材宜先铺立面,后铺平面;铺贴立面时,应先铺转角,后铺大面。

卷材防水层经检查合格后,应及时做保护层。顶板卷材防水层上的细石混凝土保护层采用人回填土时厚度不宜小于50 mm,采用机械碾压回填土时厚度不宜小于70 mm,防水层与保护层之间宜设隔离层。底板卷材防水层上细石混凝土保护层厚度不应小于50 mm。侧墙卷材防水层宜采用软质保护材料或铺抹20 mm厚1:2.5水泥砂浆层。

(五)涂料防水层施工

涂料防水层适用于受侵蚀性介质作用或受震动作用的地下工程。无机防水涂料宜用于结构主体的背水面或迎水面,有机防水涂料用于地下工程主体结构的迎水面,用于背水面的有机防水涂料应具有较高的抗渗性,且与基层有较好的粘结性。

涂料防水层严禁在雨天、雾天、五级及以上大风天气时施工,不得在施工环境温度低于5 ℃及高于35 ℃或烈日暴晒时施工。涂膜固化前如有降雨可能时,应及时做好已完涂层的保护工作。

有机防水涂料基层表面应基本干燥,不应有气孔、凹凸不平、蜂窝麻面等缺陷涂料。施工前,基层阴阳角应做成圆弧形,阴角直径宜大于50 mm,阳角直径宜大于10mm,在底板转角部位应增加胎体增强材料,并应增涂防水涂料。铺贴胎体增强材料时,应使胎体层充分浸透防水涂料,不得有露槎及褶皱。

防水涂料应分层刷涂或喷涂,涂层应均匀,不得漏刷、漏涂。涂刷应待前遍涂层干燥成膜后进行,每遍涂刷时应交替改变涂层的涂刷方向,同层涂膜的先后搭压宽度为30～50 mm。甩楼处接缝宽度不得小于100 mm,接涂前应将其甩槎表面处理干净。

采用有机防水涂料时,基层阴阳角处应做成圆弧;在转角处、变形缝、施工缝穿墙管等部位应增加胎体增强材料和增涂防水涂料,宽度不得小于50m。胎体增强材料的搭接宽度不得小于10 mm,上下两层和相邻两幅胎体的接缝应错开1/3幅宽,上下两层胎体不得相互垂直铺贴。

涂料防水层完工并经验收合格后应及时做保护层。底板宜采用1:2.5水泥砂浆层和50～70 mm厚的细石混凝土保护层;顶板采用细石混凝土保护层,机械回填时不宜小于70 mm,人工回填时不宜小于50 mm。防水层与保护层之间宜设置隔离层。

第四章 建筑工程施工组织设计与进度控制

第一节　施工组织设计概述

一、施工组织设计的概念

施工组织设计是以施工项目为对象编制的,用以指导施工组织与管理、施工准备与实施、施工控制与协调、资源的配置与使用等全面性的技术、经济文件,是对施工活动的全过程进行科学管理的重要手段。若施工图设计是解决造什么样的建筑产品的问题,则施工组织设计就是解决如何建造的问题。由于受建筑产品及其施工特点的影响,每一个工程项目开工前都必须根据工程特点与施工条件来编制施工组织设计。

施工组织设计的基本任务是根据国家有关技术政策、建设工程项目要求、施工组织的原则,结合工程的具体条件,确定经济合理的施工方案,对拟建工程在人力和物力、时间和空间、技术和组织等方面统筹安排,以保证按照既定目标,优质、低耗、高速、安全地完成施工任务。

二、施工组织设计的作用

施工组织设计是对施工活动实行科学管理的重要手段。通过施工组织设计的编制,可明确工程的施工方案、施工顺序、劳动组织措施、施工进度计划及资源需用量与供应计划,明确临时设施、材料和机具的具体位置,有效地使用施工场地,提高经济效益。施工组织设计还具有统筹安排和协调施工中各种关系的作用。

经验表明,如果一个工程施工组织设计能反映客观实际,符合国家政策和合同规定的要求,符合施工工艺规律,并能被认真地贯彻执行,那么施工就可以有条不紊地进行,就能获得较好的投资效益。

三、施工组织设计的分类

按设计阶段和编制对象不同,施工组织设计分为施工组织总设计、单位工程施工组织设计两大类。

(一)施工组织总设计

施工组织总设计是以整个建设工程项目或群体工程(一个住宅建筑小区、配套的公共设施工程、一个配套的工业生产系统等)为对象编制的施工组织设计。施工组织总设计一般在建设工程项目的初步设计或扩大初步设计批准之后,由总承包单位在总工程师领导下编制。建设单位、设计单位和分包单位协助总承包单位工作。

(二)单位工程施工组织设计

单位工程施工组织设计是以单位(子单位)工程为主要对象编制的施工组织设计,对单位(子单位)工程的施工过程起指导和约束作用。单位工程施工组织设计是施工图纸设计完成之后、工程开工之前,在施工项目负责人的领导下编制的。

第二节　施工组织总设计

一、施工组织总设计的概念

施工组织总设计是以整个建设工程项目或群体工程(一个住宅建筑小区、配套的公共设施工程、一个配套的工业生产系统等)为对象编制的,是整个建设工程项目或群体工程的全局性战略部署,是施工企业规划和部署整个施工活动的技术、经济文件。在有了批准的初步设计或技术设计、项目总概算或修正总概算后,一般以主持工程的总承建单位为主,其他承建单位、建设单位和设计单位参加,结合建设准备和计划安排工作,编制施工组织总设计。

二、施工组织总设计的作用

第一,确定设计方案的施工可能性和经济合理性。

第二,为建设单位主管机关编制基本建设计划提供依据。

第三,为施工单位主管机关编制建筑安装工程计划提供依据。

第四,为组织物资技术供应提供依据。

第五,为及时进行施工准备工作提供条件。

第六,解决有关生产和生活基地的组织问题。

三、施工组织总设计的编制依据

一是设计地区的工程勘察和技术经济资料,如地质、地形、气象、河流水位、地区条件等。

二是国家现行规范和规程、上级指示、合同协议等。

三是计划文件,如国家批准的基本建设计划、单项工程一览表、地区主管部门的批件、施工单位上级主管下达的施工任务书等。

四是设计文件,如批准的初步设计、设计证明书、已批准的计划任务书等。

四、施工组织总设计的大体框架

(一)施工部署和施工方案

主要内容有施工任务的组织分工和安排、重要单位工程施工方案,主要工种的施工方法以及三通一平规划。

(二)施工准备工作计划

用以指导现场测量控制,土地征用,居民迁移,障碍物拆除,新结构、新材料、新技术的试制和试验,大型临时设施工程,施工用水、用电、道路及场地平整工作安排,技术培训,物资和机具申请和准备等工作。

(三)施工总进度计划

用以控制工期及各单位工程的搭接关系和持续时间。

(四)各项需要量计划

包括劳动力需要量计划,主要材料与加工品需用量、需用时间计划和运输计划,主要机具需用量计划,大型临时设施建设计划等。

(五)施工总平面图

用于对施工所需的各项设施和永久性建筑加以合理布局,在施工现场进行周密的规划和部署。

(六)技术经济指标分析

用以评价施工组织总设计的技术经济效果并作为今后考核的依据。

五、施工组织总设计的重点内容介绍

(一)工程概况和施工特点分析

工程概况和施工特点分析包括工程建设概况、工程建设地点特征、建筑结构设计概况、施工条件和工程施工特点分析五方面内容。

1.工程建设概况

工程建设概况主要介绍拟建工程的建设单位,工程名称、性质、用途和建设的目的,资金来源及工程造价,开工、竣工日期,设计单位、施工单位、监理单位,施工图纸情况,施工合同是否签订,上级有关文件或要求以及组织施工的指导思想等。

2.工程建设地点特征

工程建设地点特征主要介绍拟建工程的地理位置、地形、地貌、地质、水文地质、气温、冬雨季时间、主导风向、风力和地震烈度等。

3.建筑结构设计概况

建筑结构设计概况主要根据施工图纸,结合调查资料,简练地概括工程全貌、综合分析,突出重点问题,对新结构、新材料、新技术、新工艺及施工的难点做重点说明。

建筑结构设计概况主要介绍拟建工程的建筑面积、平面形状和平面组合情况、层数、层高、总高、总长、总宽等及室内外装修的情况。

4.施工条件

施工条件主要介绍三通一平的情况,当地的交通运输条件,资源生产及供应情况,施工现场大小及周围环境情况,预制构件生产及供应情况,施工单位机械、设备、劳动力的落实情况,内部承包方式、劳动组织形式及施工管理水平,现场临时设施、供水、供电问题的解决。

5.工程施工特点分析

工程施工特点分析主要介绍拟建工程施工特点和施工中关键的问题、难点所在,以便突出重点、抓住关键,使施工顺利进行,提高施工单位的经济效益和管理水平。

(二)施工部署和施工方案拟定

确定施工部署与拟定施工方案是编制施工组织总设计的中心环节,是在

充分了解工程情况、施工条件和建设要求的基础上,对整个建设工程进行全面安排和解决工程施工中的重大问题,是编制施工总进度计划的前提。其主要内容包括施工任务的组织分工及程序安排、主要项目的施工方案、主要工种工程的施工方法、三通一平规划等。

施工部署要重点解决下述问题:①确定各主要单位工程的施工展开程序和开工、竣工日期,一方面需要满足上级规定的投产或投入使用的要求,另一方面需要遵循一般的施工程序,如先地下后地上、先深后浅等。②建立工程的指挥系统,划分各施工单位的工程任务和施工区段,明确主攻项目和辅助项目的相互关系,明确土建施工、结构安装、设备安装等的相互配合等。③明确施工准备工作的规划,如土地征用、居民迁移、障碍物拆除、三通一平的分期施工任务及期限、测量控制网的建立、新材料和新技术的试制和试验、重要建筑机械和机具的申请和订货生产等。

施工方案的拟定要重点解决下述问题:①重点单位工程的施工方案。根据设计方案和拟采用的新结构、新技术,明确重点单位工程拟采用的施工方案,如深基础施工采用哪种支护结构、地下水如何处理、挖土采用哪种方式、结构工程是采用预制还是现浇施工、用何种类型的模板(滑升模板、大模板、爬升模板等)。②主要工种工程的施工方案。确定主要工种工程(如土石方、桩基础、混凝土、砌体、结构安装、预应力混凝土工程等)的施工方案,提高机械化水平,提高工程质量,降低造价,保证施工安全。

(三)施工总进度计划

施工总进度计划是根据施工部署的要求,合理确定各工程项目施工的先后顺序、开工和竣工日期、施工期限和它们之间的搭接关系,其编制方法如下。

1.估算各主要项目的实物工程量

这项工作可按初步设计图纸并根据各种定额手册、资料粗略进行。

一是1万元、10万元工作量的劳动力及材料消耗指标。

二是概算指标或扩大结构定额。

三是标准设计或类似工程的资料。

除房屋外,还需确定主要的全工地性工程的工程量,如铁路、道路、地下管线的长度等。

2.确定各单位工程的施工工期

根据建筑类型、结构特征和工程规模,施工方法、施工技术和施工管理水平,劳动力、材料供应情况,施工现场的地形、地质条件,并参考有关的工期定额或类似建筑的施工经验数据来确定各单位工程的施工工期。

3.确定各单位工程的开工、竣工时间和相互搭接关系

在确保规定时间内能配套投入使用的前提下,集中使用人力、物力,避免分散,早出效益,同时应做好土方、劳动力、施工机械、材料和构件的综合平衡,保证各生产环节能连续、均衡地进行。

第三节　单位工程施工组织设计

单位工程施工组织设计是建筑施工企业组织和指导单位工程施工全过程各项活动的技术经济文件。它是基层施工单位编制季度、月度、旬施工作业计划,分部分项工程作业设计,劳动力、材料、预制构件、施工机械等供应计划的主要依据,也是建筑施工企业加强生产管理的一项重要工作。

单位工程施工组织设计一般由施工单位的工程项目主管工程师负责编制,并根据工程项目的大小,报单位总工程师审批或备案。它必须在工程开工前编制完成,以作为工程施工技术资料准备的重要内容和关键成果,并应经该工程监理单位的总监理工程师批准后方可实施。

一、单位工程施工组织设计的编制依据

一是主管部门的批示文件及有关要求。如上级机关对工程的有关指示和要求、建设单位对施工的要求、施工合同中的有关规定等。

二是经过会审的施工图。包括单位工程的全套施工图纸、图纸会审纪要及有关标准图。

三是施工企业年度施工作业计划。如本工程开工、竣工日期的规定,以及与其他项目穿插施工的要求等。

四是施工组织总设计。如果本工程是整个建设工程项目中的一个项目,应将施工组织总设计作为编制依据。

五是工程预算文件及有关定额。应有详细的分部、分项工程量,必要时应有分层、分段、分部位的工程量;有关定额是指使用的预算定额和施工定额。

六是建设单位对工程施工可能提供的条件。如供水、供电、供热的情况,以及可借用作为临时办公室、仓库、宿舍的施工用房等。

七是施工条件。如施工单位的人力、物力、财力等情况。

八是施工现场的勘察资料。如高程、地形、地质、水文、气象、交通运输、现场障碍物等情况,以及工程地质勘察报告、地形图、测量控制网等。

九是有关的规范和标准。如《建设工程项目管理规范》《建筑工程施工质量验收统一标准》《建筑工程施工质量评价标准》等。

十是有关的参考资料。如施工手册、相关施工组织设计等。

二、单位工程施工组织设计的大体框架

工程的性质、规模、结构特点、技术复杂难易程度和施工条件等不同,单位工程施工组织设计编制内容的深度和广度也不同。但一般来说,单位工程施工组织设计的大体框架如下。

(一)工程概况及施工特点分析

工程概况及施工特点分析主要包括工程建设概况、设计概况、施工特点分析和施工条件等内容。

(二)施工方案

施工方案主要包括确定各分部分项工程的施工顺序、施工方法,选择适用的施工机械,制定主要技术组织措施。

(三)单位工程施工进度计划表

单位工程施工进度计划表主要包括确定各分部分项工程名称、工程量、劳动量和机械台班量、工作持续时间、施工班组人数及施工进度等内容。

(四)单位工程施工平面图

单位工程施工平面图主要包括确定起重运输机械、垂直运输机械、搅拌站、临时设施、材料及预制构件堆场布置、运输道路布置、临时供水、供电管线的布置等内容。

(五)主要技术经济指标

主要技术经济指标包括工期指标、工程质量指标、安全指标、降低成本指

标等。

对于建筑结构比较简单、工程规模比较小、技术要求比较低,且采用传统施工方法组织施工的一般工业与民用建筑,其施工组织设计可以编制得简单一些,其内容一般只包括施工方案、施工进度计划表、施工平面图,辅以扼要的文字说明。

三、单位工程施工组织设计的重点内容介绍

(一)施工方案

施工方案的选择是单位工程施工组织设计中的重要环节,是决定整个工程全局的关键。施工方案选择得恰当与否,将直接影响单位工程的施工效率、进度安排、施工质量、施工安全、工期长短。因此,施工单位必须对初步施工方案进行认真分析比较,力求选择出一个最经济、最合理的施工方案。

在选择施工方案时应着重研究确定各分部分项工程的施工顺序,确定主要分部分项工程的施工方法和选择适用的施工机械,制定主要技术组织措施,进行施工方案的技术经济评价四个方面的内容。

1.施工顺序的确定

确定合理的施工顺序是选择施工方案首先应考虑的问题。施工顺序是指工程开工后各分部分项工程施工的先后次序。确定施工顺序既是为了按照客观的施工规律组织施工,也是为了解决工种之间的合理搭接问题,在保证工程质量和施工安全的前提下,充分利用空间,以达到缩短工期的目的。

在实际工程施工中,施工顺序可以有多种,不同类型建筑物的建造过程有不同的施工顺序;在同一类型的建筑工程施工中,甚至同一幢房屋的施工也会有不同的施工顺序。

(1)确定施工顺序应遵循的基本原则

第一,先地下后地上。

先地下后地上指的是地上工程开始之前,把管道和线路等地下设施、土方工程和基础工程全部完成或基本完成。坚固耐用的建筑需要有一个坚实的基础,从工艺的角度也必须先地下后地上,且地下工程施工时应做到先深后浅。这样可以避免对地上部分施工产生干扰,避免给地上部分施工带来施工不便、造成浪费、影响工程质量。

第二,先主体后围护。

先主体后围护指的是框架结构建筑和装配式单层工业厂房施工中,先上主体结构,后上围护工程,同时框架主体结构与围护工程在总的施工顺序上要合理搭接。一般来说,多层建筑以少搭接为宜,而高层建筑应尽量搭接施工,以缩短施工工期;装配式单层工业厂房主体结构与围护工程一般不搭接。

第三,先结构后装修。

先结构后装修是对一般情况而言的,先结构后装修有时是为了缩短施工工期,结构工程和装修工程可以有部分合理的搭接。

第四,先土建后设备。

先土建后设备指的是不论是民用建筑还是工业建筑,一般来说,土建施工应先于水、暖、煤、卫、电等建筑设备的施工,但它们之间更多的是穿插配合关系,尤其在装修阶段,要从保证施工质量、降低成本的角度处理好相互之间的关系。

以上原则并不是一成不变的,在特殊情况下,如在冬季施工之前,应尽可能完成土建工程和围护工程,以利于施工中的防寒和室内作业的开展,从而达到改善工人的劳动环境、缩短工期的目的;又如大板建筑施工,大板承重结构部分和某些装饰部分宜在加工厂同时完成。因此,随着我国施工技术的发展、企业经营管理水平的提高,上述原则也在进一步完善之中。

(2)确定施工顺序的基本要求

第一,必须符合施工工艺的要求。

建筑物在建造过程中各分部分项工程之间存在一定的工艺顺序关系,它随着建筑物结构和构造的不同而变化,应在分析建筑物各分部分项工程之间的工艺顺序关系的基础上确定施工顺序。例如,基础工程未做完,其上部结构就不能进行施工,垫层须在土方开挖后才能施工;采用混合结构时,下层的墙体砌筑完成后方能施工上层楼面;在框架结构工程中,墙体作为围护或隔断,则可安排在框架施工全部或部分完成后进行。

第二,必须与施工方法协调一致

例如,在装配式单层工业厂房施工中,如采用分件吊装法,则施工顺序是先吊柱、再吊梁,最后吊各个节间的屋架及屋面板等;如采用综合吊装法,则施工顺序为一个节间全部构件吊装完后,再依次吊装下一个节间,直至构件吊完。

第三,必须考虑施工组织的要求。

例如,对于有地下室的高层建筑,其地下室地面工程可以安排在地下室顶板施工前进行,也可以安排在地下室顶板施工后进行。从施工组织方面考虑,前者施工较方便,上部空间宽敞,可以利用吊装机械直接将地面施工用的材料吊到地下室;而后者地面材料运输和施工就比较困难。

第四,必须考虑施工质量的要求。

在安排施工顺序时,要以保证和提高工程质量为前提,影响工程质量时,要重新安排施工顺序或采取必要的技术措施。例如,屋面防水层施工,必须等找平层干燥后才能进行,否则将影响防水工程的质量,特别是柔性防水层的施工。

第五,必须考虑当地的气候条件。

例如,在冬季和雨季施工到来之前,应尽量先做基础工程、室外工程、门窗玻璃工程,为地上和室内工程施工创造条件。这样有利于改善工人的劳动环境,也有利于保证工程质量。

第六,必须考虑安全施工的要求。

在立体交叉、平行搭接施工时,一定要注意安全问题。例如,在主体结构施工时,水、暖、煤、卫、电的安装与构件、模板、钢筋等的吊装不能在同一个工作面上,必要时应采取一定的安全保护措施。

2. 施工方法和施工机械的选择

正确选择施工方法和施工机械是制定施工方案的关键。单位工程中各个分部分项工程均可采用各种不同的施工方法和施工机械进行施工,而每一种施工方法和施工机械又都有其优缺点。因此,施工单位必须从先进、经济、合理的角度出发,选择施工方法和施工机械,以达到提高工程质量、降低工程成本、提高劳动生产率和加快工程进度的效果。

(1)选择施工方法和施工机械的主要依据

在单位工程施工中,施工方法和施工机械的选择主要应综合考虑工程建筑结构特点、质量要求、工期长短、资源供应条件、现场施工条件、施工单位的技术装备水平和管理水平等因素。

(2)选择施工方法和施工机械的基本要求

第一,应考虑主要分部分项工程的要求。

应从单位工程施工全局出发,着重考虑影响整个工程施工的主要分部分项工程施工方法和施工机械的选择;而对于一般的、常见的、工人熟悉的、工程量小的,以及对施工全局和工期无多大影响的分部分项工程,只需提出若干注意事项和要求即可。

主要分部分项工程是指工程量大、所需时间长、占工期比例大的工程;施工技术复杂或采用新技术、新工艺、新结构、新材料的分部分项工程;对工程质量起关键作用的分部分项工程;对施工单位来说,某些结构特殊或不熟悉、缺乏施工经验的分部分项工程。

第二,应符合施工组织总设计的要求。

如果本工程是整个建设工程项目中的一个单项工程,则其施工方法和施工机械的选择应符合施工组织总设计中的有关要求。

第三,应满足施工技术的要求。

施工方法和施工机械的选择必须满足施工技术的要求。如预应力张拉方法和机械的选择应满足设计、质量、施工技术的要求;又如吊装机械类型、型号、数量的选择应满足构件吊装技术和工程进度要求。

第四,应考虑如何符合工厂化、机械化的要求。

单位工程施工,原则上应尽可能提高工厂化和机械化程度。这是建筑施工发展的需要,也是提高工程质量、降低工程成本、提高劳动生产率、加快工程进度和实现文明施工的有效措施。这里所说的提高工厂化程度是指建筑物的各种钢筋混凝土构件、钢结构构件、木构件、钢筋加工等应最大限度地实现工厂化制作,最大限度地减少现场作业。这里所说的提高机械化程度是指单位工程施工不仅要提高机械化程度,还要充分发挥机械设备的效率,减轻繁重的体力劳动。

第五,应符合先进、合理、可行、经济的要求。

选择施工方法和施工机械,除要求先进、合理之外,还要考虑其对施工单位是可行的、经济的。必要时,要进行分析比较,从施工技术水平和实际情况出发,选择先进、合理、可行、经济的施工方法和施工机械。

第六,应满足工期、质量、成本和安全的要求。

所选择的施工方法和施工机械应尽量满足缩短工期、提高工程质量、降低工程成本、确保施工安全的要求。

（3）主要分部分项工程施工方法和施工机械的选择

主要分部分项工程的施工方法和施工机械的选择要点如下。

其一，土方工程。

第一，确定土方开挖方法、工作面宽度、放坡坡度、土壁支撑形式、排水措施、计算土方开挖量、回填量、外运量。

第二，选择土方工程施工所需机具的型号和数量。

其二，基础工程。

第一，桩基础施工中应根据桩型及工期选择所需机具的型号和数量。

第二，浅基础施工中应根据垫层、承台、基础的施工要点，选择所需机械的型号和数量。

第三，地下室施工中应根据防水要求留置、处理施工缝，并注意大体积混凝土的浇筑要点、模板和支撑要求。

其三，砌筑工程。

第一，砌筑工程中根据砌体的组砌方式、砌筑方法及质量要求进行弹线、立皮数杆、标高控制和轴线引测。

第二，选择砌筑工程中所需机具的型号和数量。

其四，钢筋混凝土工程。

第一，确定模板类型及支模方法，进行模板支撑设计。

第二，确定钢筋的加工、绑扎、焊接方法，选择所需机具的型号和数量。

第三，确定混凝土的搅拌、运输、浇筑、振捣、养护、施工缝的留置和处理，选择所需机具的型号和数量。

第四，确定预应力钢筋混凝土的施工方法，选择所需机具的型号和数量。

其五，结构吊装工程。

第一，确定构件的预制、运输及堆放要求，选择所需机具的型号和数量。

第二，确定构件的吊装方法，选择所需机具的型号和数量。

其六，屋面工程。

第一，确定屋面工程防水各层的做法、施工方法，选择所需机具的型号和数量。

第二，确定屋面工程施工中所用材料及运输方式。

其七，装修工程。

第一,确定各种装修的做法及施工要点。

第二,确定材料运输方式、堆放位置、工艺流程和施工组织。

第三,选择所需机具的型号和数量。

其八,现场垂直、水平运输及脚手架等的搭设。

第一,确定垂直运输及水平运输方式、布置位置、开行路线,选择垂直运输机具及水平运输机具的型号和数量。

第二,根据不同建筑类型确定脚手架所用材料、搭设方法及安全网的挂设方法。

3.主要技术组织措施的制定

任何一个工程的施工都必须严格执行现行的有关法律法规,并根据工程特点、施工难点和施工现场的实际情况制定相应的技术组织措施。

(1)技术措施

对采用新材料、新结构、新工艺、新技术的工程以及高耸、大跨度、重型构件及深基础等特殊工程,在施工中应制定相应的技术措施。

技术措施内容一般包括以下几个方面:①需要表明的工程的平面、剖面示意图以及工程量一览表。②施工方法的特殊要求、工艺流程、技术要求。③水下混凝土及冬雨期施工措施。④材料、构件和机具的特点、使用方法及需要量。

(2)保证和提高工程质量措施

保证和提高工程质量措施,可以按照各主要分部分项工程施工质量要求提出,也可以按照工程施工质量要求提出。

保证和提高工程质量措施主要从以下几个方面考虑:①保证定位放线、轴线尺寸、标高测量等准确无误的措施。②保证地基承载力及基础、地下结构和防水施工质量的措施。③保证主体结构等关键部位施工质量的措施。④保证屋面、装修工程施工质量的措施。⑤保证采用新材料、新结构、新工艺、新技术的工程施工质量的措施。⑥保证和提高工程质量的组织措施,如现场管理机构的设置、人员培训、建立质量检验制度等。

(3)施工安全措施

加强安全生产是国家保障劳动人民生命安全的一项重要政策,也是进行工程施工的一项基本原则。为此,应提出有针对性的施工安全措施,从而杜绝施工中安全事故的发生。

施工安全措施主要从以下几个方面考虑：①保证土方边坡稳定措施。②脚手架、吊篮、安全网的设置及各类洞口防止人员坠落措施。③外用电梯、井架及塔吊等垂直运输机具的拉结要求和防倒塌措施。④安全用电和机电设备防短路、防触电措施。⑤易燃、易爆、有毒作业场所的防火、防爆、防毒措施。⑥季节性安全措施，如雨期的防洪、防雨，夏期的防暑降温，冬期的防滑、防火、防冻措施等。⑦现场周围通行道路及居民安全保护隔离措施。⑧确保施工安全的宣传、教育及检查等组织措施。

（4）降低工程成本措施

应根据工程具体情况，按分部分项工程提出相应的降低工程成本的措施，计算有关技术经济指标，分别列出节约工料数量与金额数字，以便衡量降低工程成本的效果。

降低工程成本措施的内容一般包括以下几个方面：①合理进行土方平衡调配，以节约台班费。②综合利用吊装机械，减少吊次，以节约台班费。③提高模板安装精度，整装整拆，加速模板周转，以节约木材或钢材。④在混凝土、砂浆中掺加外加剂或掺混合料，以节约水泥。⑤采用先进的钢材焊接技术，以节约钢材。⑥构件及半成品采用预制拼装、整体安装的方法，以节约人工费、机械费等。

（5）现场文明施工措施

第一，施工现场设置围栏与标牌，出入口交通安全，道路畅通，场地平整，安全与消防设施齐全。

第二，临时设施的规划与搭设应符合生产、生活和环境卫生要求。

第三，各种建筑材料、半成品、构件的堆放与管理有序。

第四，散碎材料、施工垃圾的运输应达到防止各种环境污染的效果。

第五，及时进行成品保护及施工机具保养。

4. 施工方案的技术经济评价

施工方案技术经济评价的目的是在众多的施工方案中选择出快、好、省、安全的施工方案。

施工方案的技术经济评价涉及的因素多而复杂，一般来说，施工方案的技术经济评价有定性分析和定量分析两种。

（1）定性分析

施工方案的定性分析是指人们根据自己的个人实践和一般的经验，对若干施工方案进行优缺点比较，从中选择出比较合理的施工方案。此方法比较简单，但主观随意性较大。

（2）定量分析

施工方案的定量分析是指通过计算施工方案的几个相同的主要技术经济指标进行综合分析比较，选择出各项指标较好的施工方案。这种方法比较客观，但指标的确定和计算比较复杂。主要的评价指标有以下几种。

第一，工期指标。

当要求工程尽快完成以便尽早投入生产或使用时，选择施工方案就要在确保工程质量、安全和成本较低的条件下，优先考虑缩短工期，在钢筋混凝土工程主体施工时往往通过增加模板的套数来缩短主体工程的施工工期。

第二，机械化程度指标。

在考虑施工方案时应尽量提高施工的机械化程度，降低工人的劳动强度。从我国国情出发，采用中外结合的办法，积极扩大机械化施工的范围，把施工的机械化程度作为衡量施工方案优劣的重要指标。

第三，主要材料消耗指标。

主要材料消耗指标反映若干施工方案的主要材料节约情况。

第四，降低成本指标。

降低成本指标综合反映工程项目或分部分项工程由于采用不同的施工方案而产生不同的经济效果。降低成本指标可以用降低成本额和降低成本率来表示。

（二）单位工程施工进度计划

单位工程施工进度计划是在施工方案的基础上，根据规定工期和技术物资供应条件，遵循工程的施工顺序，用图表形式表示各分部分项工程搭接关系及工程开工、竣工时间的一种计划安排。

1.单位工程施工进度计划概述

（1）单位工程施工进度计划的概念及作用

单位工程施工进度计划是单位工程施工组织设计的重要内容，是控制各分部分项工程施工进程及总工期的主要依据，也是编制施工作业计划及各项资源需要量计划的依据。它的主要作用是:确定各分部分项工程的施工时间及其相互之间的衔接、穿插、平行搭接、协作配合等关系;确定所需的劳动力、施工机械、材料等资源量;指导现场的施工安排,确保施工任务如期完成。

(2)单位工程施工进度计划的编制依据

单位工程施工进度计划的编制依据主要包括:施工图、工艺图及有关标准图等技术资料;施工组织总设计对本工程的要求;施工工期要求;施工方案;施工定额以及施工资源供应情况。

2.单位工程施工进度计划的编制

(1)划分施工过程

编制单位工程施工进度计划时,首先必须研究施工过程的划分,再进行有关内容的计算和设计。施工过程划分应考虑下述要求。

第一,施工过程划分粗细程度的要求。

对于控制性施工进度计划,其施工过程的划分可以粗一些,一般可按分部工程划分施工过程,如开工前准备、打桩工程、基础工程、主体结构工程等。对于指导性施工进度计划,其施工过程的划分可以细一些,每个分部工程所包括的主要分项工程均应一一列出,以起到指导施工的作用。

第二,对施工过程进行适当合并,达到简明清晰的要求。

若施工过程划分得太细,则施工过程就会很多,施工进度图表就会显得繁杂,重点不突出,反而失去指导施工的意义,并且会增加编制施工进度计划的难度。因此,为了使计划简明清晰、突出重点,一些次要的施工过程应合并到主要的施工过程中去,如基础防潮层可合并到基础施工过程内,有些虽然重要但工程量不大的施工过程也可与相邻的施工过程合并,如挖土可与垫层合并为一项,组织混合班组施工;同一时期由同一工种施工的也可合并在一起,如墙体砌筑就不分内墙、外墙、隔墙等,而合并为墙体砌筑一项。

第三,施工过程划分的工艺性要求。

现浇钢筋混凝土施工一般可分为支模、扎筋、浇筑混凝土等施工过程,是合并还是分别列项应视工程施工组织、工程量、结构性质等因素经研究确定。一般来说,现浇钢筋混凝土框架结构的施工应分别列项,而且应分得细一些,如分为绑扎柱钢筋、安装柱模板、浇捣柱混凝土、安装梁板模板、绑扎梁板钢筋、浇捣梁板混凝土、养护、拆模等施工过程。但在现浇钢筋混凝土工程量不大的工程对象上,一般不再分细,可合并为一项。例如,砖混结构工程时,现浇雨篷、圈梁、厕所及盥洗室的现浇楼板等,可列为一项,由施工班组的各工种互相配合施工。

抹灰工程一般分内、外墙抹灰工程。外墙抹灰工程可能有若干种装饰抹灰的做法要求,一般情况下合并列为一项,也可分别列项。室内的各种抹灰应按楼地面抹灰、顶棚及墙面抹灰、楼梯间及踏步抹灰等分别列项,以便组织施工和安排进度。

施工过程的划分应考虑所选择的施工方案。例如,厂房基础采用敞开式施工方案时,柱基础和设备基础可合并为一个施工过程;而采用封闭式施工方案时,则必须列出柱基础、设备基础这两个施工过程。

住宅建筑的水、暖、气、卫、电等房屋设备安装是建设工程的重要组成部分,对其应单独列项;对工业厂房的各种机电等设备安装也要单独列项,但不必细分,可由专业队或设备安装单位单独编制其施工进度计划。土建施工进度计划中列出其施工过程,表明其与土建施工的配合关系。

第四,明确施工过程对施工进度的影响程度。

按照对工程进度的影响程度,施工过程可分成三类:第一类为资源驱动的施工过程,这类施工过程直接在拟建工程上进行作业,占用时间、资源,对工程的完成与否起着决定性的作用,它在条件允许的情况下,可以缩短工期。第二类为辅助性施工过程,这类施工过程一般不占用拟建工程的工作面,虽然其需要一定的时间和消耗一定的资源,但不占用工期,故可不将其列入施工进度计划内,如交通运输、场外构件加工或预制等。第三类施工过程虽直接在拟建工程上进行作业,但它的工期不以人的意志为转移,随着客观条件的变化而变化,它应根据具体情况列入施工进度计划,如混凝土的养护等。

(2)计算工程量

当确定了施工过程之后,应计算每个施工过程的工程量。工程量应根据施工图纸、工程量计算规则及相应的施工方法进行计算,实际就是按工程的几何形状进行计算。计算工程量时应注意以下几个问题。

第一,注意工程量的计量单位。

每个施工过程的工程量的计量单位应与采用的施工定额的计量单位相一致。例如,模板工程以平方米(m^2)为计量单位,绑扎钢筋以吨(t)为单位计算,混凝土以立方米(m^3)为计量单位等。这样在计算劳动量、材料消耗量及机械台班量时就可直接套用施工定额,而不需要进行换算。

第二,注意采用的施工方法。

计算工程量时,应与采用的施工方法相一致,以便使计算出的工程量与施工的实际情况相符合。例如,挖土时是否放坡,是否加工作面,坡度和工作面尺寸是多少;开挖方式是单独开挖、条形开挖,还是整片开挖等,不同的开挖方式,土方量相差很大。

第三,正确取用预算文件中的工程量。

在编制单位工程施工进度计划时,若已编制出预算文件(施工图预算或施工预算),则工程量可从预算文件中抄出并汇总。例如,要确定施工进度计划中列出的"砌筑墙体"这一施工过程的工程量,可先分析它包括哪些施工内容,然后从预算文件中摘出这些施工内容的工程量,再将它们全部汇总即可求得。但是,当施工进度计划中某些施工过程与预算文件的内容不同或有出入(如计量单位、计算规则、采用的定额等)时,应根据施工实际情况加以修改,调整或重新计算工程量。

(3)套用施工定额

确定了施工过程及其工程量之后,即可套用施工定额(当地实际采用的劳动定额及机械台班定额),确定劳动量和机械台班量。

在套用国家或当地颁发的定额时,必须注意结合本单位工人的技术等级、实际操作水平、施工机械情况和施工现场条件等因素,确定定额的实际水平,使计算出来的劳动量、机械台班量符合实际需要。

有些采用新技术、新材料、新工艺或特殊施工方法的施工过程,定额中尚未编入,这时可参考类似施工过程的定额、经验资料,按实际情况确定。

(4)计算劳动量及机械台班量

确定工程量及采用的施工定额后,即可进行劳动量及机械台班量的计算。

(5)计算确定施工过程的持续时间

施工过程持续时间的确定方法有三种,即经验估算法、定额计算法和倒排计划法。

第一,经验估算法。

经验估算法也称三时估算法,即先估计出完成该施工过程的最乐观时间、最悲观时间和最可能时间三种施工时间,再根据下式计算出该施工过程的持续时间。这种方法适用于新结构、新技术、新工艺、新材料等无定额可循的施工过程。

$$D = \frac{A + 4B + C}{6}$$

式中：

D——施工过程的持续时间；

A——最乐观的时间估算（最短的时间）；

B——最可能的时间估算（最正常的时间）；

C——最悲观的时间估算（最长的时间）。

第二,定额计算法。

这种方法是根据施工过程需要的劳动量或机械台班量以及配备的劳动人数或机械台数,确定施工过程持续时间。其计算按下式进行：

$$D = \frac{P}{N \times R}$$

$$D_{机械} = \frac{P_{机械}}{N_{机械} \times R_{机械}}$$

式中：

D——以手工操作为主的施工过程的持续时间（天）；

P——该施工过程所需的劳动量（工日）；

R——该施工过程所配备的施工班组人数（人）；

N——每天采用的工作班制（班）；

$D_{机械}$——以机械施工为主的施工过程的持续时间（天）；

$P_{机械}$——该施工过程所需的机械台班数（台班）；

$R_{机械}$——该施工过程所配备的机械台数（台）；

$N_{机械}$——每天采用的工作台班（台班）。

由上述公式可知,要计算确定某施工过程的持续时间,除已确定的P或$P_{机械}$外,还必须先确定R或$R_{机械}$及N或$N_{机械}$的数值。

施工班组人数（R）或施工机械台数（$R_{机械}$）的确定,除要考虑必须能获得或能配备的施工班组人数（特别是技术工人人数）或机械台数之外,在实际工作中,还必须结合施工现场的具体条件、最小工作面与最小劳动组合人数的要求以及机械施工的工作面大小、机械效率、机械必要的停歇维修与保养时间等因素考虑,这样才能确定出符合实际可能和要求的施工班组人数及机械台数。

对于每天工作班制确定,当工期允许、劳动力和施工机械周转使用不紧迫、施工工艺上无连续施工要求时,通常采用一班制施工。在建筑业中往往采用1.25班即10小时制施工。当工期较紧,或为了提高施工机械的使用率及加快机械的周转使用,或工艺上要求连续施工时,某些施工项目可考虑两班制施工甚至三班制施工,但采用多班制施工,必然增加有关设施及费用,因此,需慎重选用。

第三,倒排计划法。

这种方法根据施工的工期要求,先确定施工过程的持续时间及工作班制,再确定施工班组人数(R)或机械台数($R_{机械}$),计算公式如下:

$$R = \frac{P}{N \times D}$$

$$R_{机械} = \frac{P_{机械}}{N_{机械} \times D_{机械}}$$

式中,符号的含义同$D = \dfrac{P}{N \times R}$、$D_{机械} = \dfrac{P_{机械}}{N_{机械} \times R_{机械}}$。

如果按上述两式计算出来的结果超过了本部门现有的人数或机械台数,则要求有关部门进行平衡、调度及支持,或从技术上、组织上采用措施,如组织平行立体交叉流水施工、提高混凝土早期强度及采用多班组和多班制的施工等。

(6)初排施工进度(以横道图为例)

上述各项计算内容确定之后,即可编制施工进度计划的初步方案。编制方法一般有以下两种。

第一,根据施工经验直接安排的方法。

这种方法是根据经验资料及有关计算直接在进度表上画出进度线。其一般步骤是:先安排主导施工过程的施工进度,然后安排其余施工过程,其余施工过程应尽可能配合主导施工过程并最大限度地搭接,形成施工进度计划的初步方案。总的原则是使每个施工过程(工作)尽可能早地投入施工。

第二,按工艺组合组织流水的施工方法。

这种方法就是先按各施工过程(即工艺组合流水)初排流水进度线,然后将各工艺组合最大限度地搭接起来。

无论采用上述哪一种方法编排进度都应注意以下问题:①每个施工过程的施工进度线都应用横道粗实线段表示(初排时可用铅笔细线表示,待检查调整无误后再加粗）。②每个施工过程的进度线所表示的时间（天）应与计算确定的持续时间保持一致。③每个施工过程的施工起止时间应根据施工工艺顺序及组织顺序确定。

（7）检查与调整施工进度计划

施工进度计划初步方案编出后，应根据业主和有关部门的要求、合同规定及施工条件等，先检查各施工过程之间的施工顺序是否合理、工期是否满足要求、劳动力等资源消耗是否均衡，然后进行调整，直至满足要求，正式形成施工进度计划。总的要求是在合理的工期下尽可能地保持连续的施工过程，以便于资源的合理安排。

3. 资源需用量计划的编制

单位工程施工进度计划确定后，便可编制劳动力需要量计划，主要材料、预制构件、门窗等的需要量和加工计划，施工机械及周转材料的需用量和进场计划。这些计划是做好劳动力与物资的供应、平衡、调度、落实的依据，也是施工单位编制施工作业计划的主要依据之一。以下简要叙述各计划的编制内容。

（1）劳动力需要量计划

劳动力需要量计划反映单位工程施工中所需要的各种技术工人、普工人数，一般要求按月分旬编制，主要根据确定的施工进度计划提出，其方法是按进度表上每天需要的施工人数分工种进行统计，得出每天所需工种及人数，按时间进度要求汇总编制。

（2）主要材料需要量计划

这种计划是根据施工预算、材料消耗定额和施工进度计划编制的，主要反映施工过程中各种主要材料的需要量作为备料、供料以及确定仓库、堆场面积和运输量的依据。

（3）施工机械需要量计划

这种计划是根据施工预算、施工方案、施工进度计划和机械台班定额编制的，主要反映施工所需机械的名称、型号、数量及使用时间。

（4）预制构件需要量计划

这种计划是根据施工图、施工方案及施工进度计划要求编制的，主要反映施工中各种预制构件的需要量及供应日期。

(三)单位工程施工平面图

单位工程施工平面图是对拟建工程的施工现场,根据施工需要的有关内容,按一定的规则而做出的平面和空间的规划。它是单位工程施工组织设计的重要组成部分。

1.单位工程施工平面图设计的依据和原则

在设计施工平面图之前,必须熟悉施工现场与周围的地理环境,收集有关技术经济资料,对拟建工程的概况、施工方案、施工进度及有关要求进行分析研究。只有这样,才能使施工平面图设计的内容与施工现场和工程施工的实际情况相符合。

(1)单位工程施工平面图设计的主要依据

一是自然条件调查资料。如气象、地形、水文及工程地质资料等,主要用于布置地面水和地下水的排水沟,确定沥青灶、化灰池等有碍人体健康的设施布置位置,安排冬、雨季施工期间所需设施的地点。

二是技术经济条件调查资料。如交通运输、水源、电源、物资资源、生产和生活基地状况等的资料,主要用于布置水、电、暖、煤、卫等管线的位置及走向,交通道路、施工现场出入口的位置及走向,临时设施搭设数量的确定。

三是拟建工程施工图纸及有关资料。建筑总平面图上表明的一切地上、地下的已建工程及拟建工程的位置,是正确确定临时设施位置、修建临时道路、解决排水等所必需的资料,以便考虑是否可以利用已有的房屋为施工服务或者是否拆除。

四是一切已有和拟建的地上、地下的管道位置图。设计平面布置图时,应考虑是否可以利用这些管道或者已有的管道对施工有妨碍而必须拆除或迁移,同时要避免把临时建筑物等设施布置在拟建的管道上面。

五是建筑区域的竖向设计资料和土方平衡图。这些资料对布置水电管线,安排土方的挖填以及确定取土和弃土地点很重要。

六是施工方案与进度计划。根据施工方案确定的起重运输机械、搅拌机械等各种机械的数量,考虑安排它们的位置;根据现场预制构件安排要求做出预制场地规划;根据施工进度计划了解分阶段布置施工现场的要求,并整体考虑施工平面布置。

七是根据各种主要材料、半成品、预制构件加工生产计划、需要量计划及施工进度要求等资料,设计材料堆场、仓库等的面积和位置。

八是建设单位能提供的已建房屋及其他生活设施的面积等有关情况,用以决定施工现场临时设施的搭设数量。

九是现场必须搭建的有关生产作业场所的规模要求,用以确定其面积和位置。

十是其他需要掌握的有关资料和特殊要求。

(2)单位工程施工平面图设计的原则

第一,在确保安全施工以及使现场施工能比较顺利进行的条件下,要布置紧凑,少占或不占农田,尽可能减少施工占地面积。

第二,最大限度地缩短场内运距,尽可能减少二次搬运。各种材料、构件等要根据施工进度并保证能连续施工的前提下,有计划地组织分期分批进场,充分利用场地;合理安排生产流程,材料、构件要尽可能布置在使用地点附近,通过垂直运输尽可能布置在垂直运输机械附近,务求减小运距,达到节约用工和减少材料损耗的目的。

第三,在保证工程施工顺利进行的条件下,尽量减少临时设施的搭设。为了降低临时设施的费用,应尽量利用已有的或拟建的各种设施为施工服务;对于必须修建的临时设施,尽可能采用装拆方便的设施;布置时要以不影响正式工程的施工为原则,避免二次或多次拆建;各种临时设施的布置应便于生产和生活。

第四,各项布置内容应符合劳动保护、技术安全、防火和防洪的要求。为此,机械设备的钢丝绳、缆风绳、电缆、电线与管道等要不妨碍交通,保证道路畅通;各种易燃库、棚(如木工棚、油毡棚、油料棚等),以及沥青灶、化灰池应布置在下风向,并远离生活区;炸药、雷管要严格控制并由专人保管;根据工程具体情况,考虑各种劳保、安全、消防设施的布置;在山区雨季施工时,应考虑防洪、排涝等措施,做到有备无患。

根据上述原则及施工现场的实际情况,尽可能进行多方案施工平面图设计,并从满足施工要求的程度,施工占地面积及利用率,各种临时设施的数量、面积、所需费用,场内各种主要材料、半成品(混凝土、砂浆等)、构件的运距和运量大小,各种水电管线的敷设长度,施工道路的长度、宽度,安全及劳动保护是否符合要求等进行分析比较,选择出合理、安全、经济、可行的布置方案。

2. 单位工程施工平面图设计的内容

第一，单位工程施工区域范围内，将已建的和拟建的地上的、地下的建筑物及构筑物的平面尺寸、位置标注出来，并标注出河流、湖泊等的位置和尺寸以及指北针、风向玫瑰图等。

第二，拟建工程所需的起重运输机械、垂直运输机械、搅拌机械及其他机械的布置位置，起重运输机械开行的线路及方向等。

第三，施工道路的布置、现场出入口位置等。

第四，各种预制构件堆放及预制场地所需面积、布置位置，大宗材料堆场的面积、位置，仓库的面积和位置，装配式结构构件的位置。

第五，生产性和非生产性临时设施的名称、面积、位置。

第六，临时供电、供水、供热等管线的布置，水源、电源、变压器的位置，现场排水沟渠及排水方向的考虑。

第七，土方工程的弃土及取土地点等有关说明。

第八，劳动保护、安全、防火及防洪设施布置以及其他需要的布置内容。

3. 单位工程施工平面设计的步骤

(1)确定起重运输机械的位置

起重运输机械的位置直接影响仓库、堆场、砂浆和混凝土制备站的位置，以及道路和水电线路的布置等，因此应予以首先考虑。

布置固定式垂直运输设备，如井架、龙门架、施工电梯等，主要根据机械性能、建筑物的平面和大小、施工段的划分、材料进场方向和道路情况而定。其目的是充分发挥固定式垂直运输设备的能力并使地面和楼面上的水平运距最小。一般来说，当建筑物各部位的高度相同时，布置在施工段的分界线附近；当建筑物各部位的高度不同时，布置在高低分界线处。这样布置的优点是楼面上各施工段水平运输互不干扰。若有可能，井架、龙门架、施工电梯应布置在建筑的窗口处，以避免砌墙留槎和减少井架拆除后的修补工作。固定式垂直运输设备中卷扬机的位置应与起重机保持适当距离，以便司机能够看到起重机的整个升降过程。

塔式起重机(又称塔吊)有行走式和固定式两种，行走式起重机由于稳定性差已经被淘汰。塔式起重机的布置除了应注意安全上的问题以外，还应该着重解决布置的位置问题，建筑物的平面应尽可能处于吊臂回转半径之内，以便直接将材料和构件运至任何施工地点,尽量避免出现"死角"。塔式起重机的安装位置,主要取决于建筑物的平面布置、形状、高度和吊装方法等。塔吊离建筑物的距离应该考虑脚手架的宽度、建筑物悬挑部位的宽度、安全距离、回转半径等内容。

(2)确定搅拌站、仓库、材料和构件堆场的位置

搅拌站、仓库、材料和构件堆场的位置应尽量靠近使用地点或在起重机起重能力范围内,并考虑运输和装卸的方便:①建筑物基础和第一施工层所用的材料应该布置在建筑物的四周。材料堆放位置应与基槽边缘保持一定的安全距离,以免造成基槽土壁的塌方事故。②第二施工层以上所用的材料应布置在起重机附近。③砂、砾石等大宗材料应尽量布置在搅拌站附近。④当多种材料同时布置时,对大宗的、重大的和先期使用的材料,应尽量布置在起重机附近;少量的、轻的和后期使用的材料则可布置得稍远一些。⑤根据不同的施工阶段使用不同材料的特点,在同一位置上可先后布置不同的材料。

根据起重运输机械的类型,搅拌站、仓库、材料和构件堆场的位置又有以下几种布置方式:①当采用固定式垂直运输设备运输时,搅拌站、仓库、材料和构件堆场应尽量布置在靠近起重机的位置,以缩短运距或减少二次搬运。②当采用塔式起重机进行垂直运输时,搅拌站、仓库、材料和构件堆场出料口应布置在塔式起重机的有效起重半径内。③当采用无轨自行式起重机进行水平和垂直运输时,搅拌站、仓库、材料和构件堆场等应沿起重机运行路线布置,且其位置应在起重臂的最大外伸长度范围内。

木工棚和钢筋加工棚可考虑布置在建筑物四周以外的地方,但应留有一定的场地用以堆放木材、钢筋和成品。石灰仓库和化灰池的位置要接近砂浆搅拌站并在下风向;沥青堆场及熬制锅的位置要离开易燃仓库或堆场,并布置在下风向。

(3)运输道路的布置

运输道路的布置主要解决运输和消防两个问题。现场主要道路应尽可能利用永久性道路的路面或路基,以节约费用。现场道路布置时要保证行驶畅通,使运输工具有回转的可能性。因此,运输道路最好绕建筑物布置成环形,宽度大于3.5 m。

(4)临时设施的布置

施工现场的临时设施可分为生产性与非生产性两大类。

生产性临时设施包括在现场制作加工的作业棚,如木工棚、钢筋加工棚、白铁加工棚;各种材料库、棚,如水泥库、油料库、卷材库、沥青棚、石灰棚;各种机械操作棚,如搅拌机棚、卷扬机棚、电焊机棚;各种生产性用房,如锅炉房、烘炉房、机修房、水泵房、空气压缩机房等;其他设施,如变压器等。

非生产性临时设施包括各种生产管理办公用房、会议室、文化娱乐室、福利性用房、医务室、宿舍、食堂、浴室、开水房、警卫传达室、厕所等。

单位工程临时设施的布置方式如下。

临时设施应遵循使用方便、有利施工、尽量合并搭建、符合防火安全的原则,同时结合现场地形和条件、施工道路的规划等因素进行布置。各种临时设施均不能布置在拟建工程(或后续开工工程)、拟建地下管沟、取土点、弃土点等地点。

各种临时设施尽可能采用活动式、装拆式结构或就地取材。施工现场范围应设置临时围墙、围网或围笆。

(5)水电管网的布置

第一,施工用的临时给水管一般由建设单位的干管或自行布置干管接到用水地点。其布置有枝状、环状和混合状等方式,应根据工程实际情况从经济和保证供水两个方面考虑其布置方式。管径的大小、龙头的数目根据工程规模计算确定。管道可埋置于地下,也可铺设在地面上,具体视气温情况和使用期限而定。工地内要设消防栓,消防栓距离建筑物应不小于 5 m,也不应大于 25 m,距离路边不大于 2 m。条件允许时,可利用城市或建设单位的永久消防设施。有时,为了防止供水的意外中断,可在建筑物附近设置简易蓄水池,储存一定数量的生产和消防用水。如果水压不足,尚应设置高压水泵。

第二,为了便于排除地面水和地下水,要及时修通永久性下水道,并结合现场地形在建筑物四周设置排泄地面水和地下水的沟渠。

第三,施工中的临时供电,应在全工地性施工总平面图中一并考虑。只有独立的单位工程施工时才根据计算出的现场用电量选用变压器或由业主原有变压器供电。变压器应布置在现场边缘高压线接入处,但不宜布置在交通要道口处。现场导线宜采用绝缘线架空或电缆布置。

第四节　施工进度控制

一、施工进度控制概述

(一)施工进度控制的概念

施工项目控制是指施工阶段按既定的施工工期,编制出最优的施工进度计划,在该计划的执行过程中经常检查施工实际进度情况,并将其与计划进度相比较,若出现偏差,便分析产生的原因和对工期的影响程度,采取必要的调整措施,修改原计划再付诸实施,如此循环,直到工程竣工验收交付使用。施工进度控制的总目标是:确保施工项目工期目标的实现,或在保证施工质量和不增加施工实际成本的条件下缩短施工工期。

(二)施工进度控制的任务

施工进度控制的任务主要体现在四个层次:①编制施工总进度计划并控制其执行,按期完成施工项目的任务;②编制单位工程施工进度计划并控制其执行,按期完成单位工程的施工任务;③编制分部分项工程施工进度计划并控制其执行,按期完成分部分项的施工任务;④编制季与工艺技术复杂度、月(旬)作业计划并控制其执行,保证完成规定的目标等。

(三)响应施工进度的因素

施工项目具有规模大、工程结构与工艺技术复杂、工期长和涉及的单位多等特点,决定了施工项目的进度将受到许多因素的影响。要有效地控制施工进度,就必须对影响进度的因素进行全面、系统的分析和预测。必须充分认识和估计这些因素,在编制计划和执行、控制过程中,事先采取预防措施、事中采取有效对策、事后进行妥善补救,使施工进度尽可能按计划进行,以缩小实际进度与计划进度的偏差,实现对施工进度的主动控制和动态控制。影响施工进度的主要因素如下。

1.有关单位的影响

对施工进度起决定性作用的主要是施工单位,但是业主或建设单位、设计单位、材料设备供应部门、运输部门、水电供应部门,以及政府有关部门等都可能在某些方面影响工程的施工进度。例如,设计单位出图不及时和设计错误、变更是影响工期的最大因素;材料和设备不能按期供应,或质量、规格不符合要求,都将影响施工工期;建设单位的资金不能保证也会使施工进度中断或减慢等。

2. 施工条件的变化

施工中工程地质条件、水文地质条件与勘察设计的不符,如地质断层、溶洞、地下障碍物、软弱地基等,都可能对施工进度产生影响,造成临时停工或破坏。

3. 技术失误

施工单位采用技术措施不当,施工中发生技术事故;应用新技术、新材料、新工艺、新结构缺乏经验,不能保证质量等都会影响施工进度。

4. 施工组织管理不力

流水施工组织不合理,劳动力、材料和施工机械调配不当等,也将影响施工进度计划的执行。

5. 不可抗力的发生

施工中若出现不可抗力,包括严重自然灾害(如恶劣的气候、暴雨、高温、洪水、台风)、火灾、重大工程质量安全事故等,都会影响施工进度。

二、施工进度控制的内容与措施

(一)施工进度控制的内容

1. 施工进度目标的确定

施工(分包)单位的主要工作内容是依据施工承包(分包)合同,按照建设单位对项目运用时间的要求进行工期目标论证,确定完成合同要求的计划工期目标,及分解的各阶段工期控制目标。施工进度目标确定工作的最终成果是形成项目的进度控制目标和项目的里程碑计划。

2. 施工进度计划与控制性措施的编制

明确了项目的工期目标后,就要着手编制施工项目的进度计划,确定保证计划顺利实施和目标实现的控制性措施。

施工单位的进度计划并不是一个计划,而是由多个相互关联的进度计划组成的项目进度计划系统。

施工单位针对一个项目可能编制有针对整个项目的控制性计划(项目施

工总进度计划)和若干实施性计划(单位工程施工进度计划),以及主要分部分项工程的作业计划。同时,在项目的进展过程中,也往往会编制不同周期的进度计划,如年度计划、季度计划、月度计划等。这些计划形成一个有机的计划系统,因此,所编制的各施工进度计划必须相互协调。也就是说,总进度计划、项目各子系统的进度计划与项目子系统中的各单位工程进度计划之间必须相互联系、相互协调;控制性进度计划与实施性进度计划之间必须相互联系、相互协调。

3 施工进度计划的跟踪检查与调整

施工项目是在动态条件下实施的,进度控制也必须是一个动态的管理过程,如只重视进度计划的编制而不重视进度计划的调整,则进度就可能无法得到控制。进度控制的过程是在确保进度目标的前提下,在项目进展的过程中不断调整进度计划的过程。因此,施工进度计划在实施过程中必须定期跟踪检查所编的进度计划的执行情况。若其执行有偏差,则应分析原因,采取纠偏措施,并视情况调整进度计划。

施工单位自身的项目管理制度中一项重要的制度就是"进度检查制度",它规定项目实施进度控制人员必须及时反馈实际进度信息。具体方式有两种:一是定期形象进度报告,一般按周上报;二是项目管理班子成员日常的现场巡视。

当发现进度拖后等情况时,要分析原因,及时采取措施进行调整。

(二)施工进度控制的措施

1.组织措施

组织措施是目标能否实现的决定性因素,为实现项目的进度目标,必须重视采取组织措施。它包括建立健全项目管理的组织体系,设立专门的进度管理工作部门和符合进度控制岗位要求的专人负责进度控制工作。对于施工进度控制的工作内容,应在项目管理组织设计的任务分工表和管理职能分工表中标注并落实。同时应确定施工进度控制的工作流程,如定义施工进度计划系统的组成,各类进度计划的编制程序,审批程序和计划调整程序等。

此外,进度控制工作包含了大量的组织与协调工作,而会议是组织与协调的重要手段。除了在项目的日常例会上包含大量的进度控制内容外,还应经常召开项目的进度协调会议。

2.技术措施

技术措施不仅可以解决项目实施过程中的技术问题,而且对确定计划与纠正目标偏差具有重要作用。为实现项目的进度目标,必须重视进度控制的技术措施。施工单位可以采取以下几个方面的技术措施进行进度控制:①通过分析与评价项目实施技术方案,选择有利于进度控制的措施。②编制进度控制工作细则,指导人员开展进度控制工作。③采用网络计划技术及其他科学、实用的计划方法,并结合计算机的应用实施进度动态控制。

3.经济措施

经济措施是最常用的进度控制措施。施工进度控制的经济措施涉及资金需求计划、资金供应的条件和经济激励措施等。为确保进度目标的实现,应编制与进度计划相适应的资源需求计划,包括资金需求计划和其他资源(人力和物力资源)需求计划,以反映工程实施各时段所需要的资源。通过资源需求分析可以发现所编制进度计划实现的可能性,若资源条件不具备则应调整进度计划。资金需求计划也是工程融资的重要依据。资金供应条件包括可能的资金总供应量、资金来源以及资金供应的时间。在工程预算中还应考虑加快工程进度所需要的资金,包括为实现进度目标将要采取的经济激励措施所需要的费用。

4.合同管理措施

合同管理措施是进度控制的最有力手段。合同管理应注意以下三点。

第一,选择合理的合同结构。为了实现进度目标,应选择合理的合同结构以避免过多的合同交界面而影响工程的进展。工程所需物资的采购模式对进度也有直接的影响,对此应做分析比较。

第二,加强合同管理、协调合同工期与进度计划之间的关系。通过加强合同管理、协调合同工期与进度计划之间的关系来保证合同中进度目标的实现。

第三,加强风险管理。在合同中应充分考虑风险因素及其对进度的影响,并在此基础上采取风险管理措施,以减少进度失控的风险。

三、施工进度的比较方法

实际进度与计划进度的比较是施工进度控制的主要环节。常用的比较方法有横道图比较法、S形曲线比较法、香蕉曲线比较法、前锋线比较法等。

(一)横道图比较法

横道图比较法,是指将在项目施工中检查实际进度收集的信息经整理后直接用横道线平行绘制于原计划的横道线处,进行实际进度与计划进度比较的方法。采用横道图比较法可以形象、直观地反映实际进度与计划进度的比较情况。这是人们在施工中进行进度控制经常使用的一种最简单、最熟悉的方法。

(二)S形曲线比较法

S形曲线比较法是以横坐标表示时间,纵坐标表示累计完成任务量,而绘制出一条按计划时间累计完成任务量的曲线,将施工项目的各检查时间实际完成的任务量绘制在该曲线图上,进行实际进度与计划进度相比较的一种方法。由于其形状像大写的"S",因此叫S形曲线比较法。

从整个项目的施工全过程来看,一般开始和结尾时单位时间投入的资源量较少,中间阶段单位时间投入的资源量较多,与其相关单位时间完成的任务量也是呈现同样变化的趋势,而随时间进展累计完成的任务量则应呈S形变化。

(三)香蕉曲线比较法

香蕉曲线是两条S形曲线组合成的闭合曲线。从S形曲线比较中可知,某一施工项目计划时间和累计完成任务量之间的关系,都可以用一条S形曲线表示。一般来说,按任何一个施工项目的网络计划,都可以绘制两条曲线。一条是以各项工作的计划最早开始时间安排进度而绘制的S形曲线,称为"ES曲线";另一条是以各项工作的计划最迟开始时间安排进度而绘制的S形曲线,称为"LS曲线"。两条S形曲线都是从计划的开始时刻开始和完成时刻结束,因此两条曲线是闭合的。其余时刻ES曲线上的各点一般均落在LS曲线相应点的左侧,形成一个形如香蕉的曲线,所以称为香蕉曲线。在项目实施过程中,进度控制的理想状态是任意时刻按实际进度描绘出的点都落在香蕉曲线区域。

(四)前锋线比较法

前锋线是指在原时标网络计划上从检查时刻的时标点出发,用点画线依次将各项工作实际进展位置点连接而成的折线。

前锋线比较法是通过绘制某检查时刻施工项目实际进度线与原进度计划

中各工作箭线交点的位置,进行工程实际进度与计划进度比较,进而判定该偏差对后续工作及总工期影响程度的一种方法。它主要用于时标网络计划。

四、施工进度计划的调整

(一)进度偏差影响分析

在施工项目实施过程中,通过实际进度与计划进度的比较,当发现出现偏差时,首先分析该偏差对后续工作及总工期的影响;然后,根据分析结果和项目工期要求采取应向的对策,以确保工期目标的顺利实现。

1.分析出现偏差的工作是否为关键工作

若出现偏差的工作为关键工作,则无论偏差大小,都对后续工作及总工期产生影响,必须采取相应的调整措施;若出现偏差的工作并非关键工作,则需要根据偏差值与总时差和自由时差的大小关系确定对后续工作和总工期的影响程度。

2.分析进度偏差是否超过总时差

若工作的进度偏差大于该工作的总时差,则此偏差必将影响后续工作和总工期,必须采取相应的调整措施;若工作的进度偏差小于该工作的总时差,则此偏差对总工期无影响,但它对后续工作的影响程度,需要根据此偏差与自由时差的比较情况来确定。

3.分析进度偏差是否超过自由时差

若该工作的进度偏差大于自由时差,说明此偏差对其后续工作将产生影响,并根据后续工作允许影响的程度确定如何调整;若工作的进度偏差小于或等于该工作的自由时差,则说明此偏差对后续工作无影响,因此,对于原进度计划可以不做调整。

通过分析,进度控制人员可以根据进度偏差的影响程度,确定采取相应的调整措施,获得符合实际进度情况和计划目标的新进度计划。

(二)进度计划的调整方法

在对实施的进度计划分析进行的基础上,应确定调整原计划的方法,一般主要有以下两种方法。

1.改变某些工作间的逻辑关系

当检查的实际施工进度产生的偏差影响到总工期,且有关工作之间的逻辑关系允许改变时,可以改变关键线路和超过计划工期的非关键线路上的有关工作之间的逻辑关系,以达到缩短工期的目的。例如,把依次进行的有关工作改变为平行作业搭接作业以及分组织流水作业等,都可以达到缩短工期的目的。

2.缩短某些工作的持续时间

这种方法是在不改变工作之间逻辑关系的前提下,只缩短某些工作的持续时间,而使施工进度加快以保证实现计划工期的方法。这些被压缩持续时间的工作是位于关键线路和超过计划工期的非关键线路上的工作。同时,这些工作又是可压缩持续时间的工作。这种方法实际上就是网络计划优化工期方法。

参考文献

[1]蔡明俐,李晋旭.工程造价管理与控制[M].武汉:华中科技大学出版社,2020.

[2]陈林,费璇.建筑工程计量与计价[M].南京:东南大学出版社,2019.

[3]陈雨,陈世辉.工程建设项目全过程造价控制研究[M].北京:北京理工大学出版社,2018.

[4]陈哲夫,陈端吕,彭保发,等.海绵城市建设的景观安全格局规划途径[M].南京:南京大学出版社,2020.

[5]董莉莉,魏晓.建筑设计原理[M].武汉:华中科技大学出版社,2017.

[6]郭俊雄,韩玉麒.建设工程造价[M].成都:西南交通大学出版社,2019.

[7]郭阳明,肖启艳,郭生南.建筑工程计量与计价[M].北京:北京理工大学出版社,2019.

[8]孔德峰.建筑项目管理与工程造价[M].长春:吉林科学技术出版社,2020.

[9]匡文慧,李孝永.基于土地利用的海绵城市建设适应度评价[M].北京:科学出版社,2020.

[10]李华东,王艳梅,张璐.工程造价控制[M].成都:西南交通大学出版社,2018.

[11]李益飞,吴雪军.海绵城市建设技术与工程实践[M].北京:化学工业出版社,2020.

[12]刘晓丽,谷莹莹.建筑工程项目管理(第2版)[M].北京:北京理工大学出版社,2018.

[13]庞业涛,何培斌.建筑工程项目管理(第2版)[M].北京:北京理工大学出版社,2018.

[14]全红.海绵城市建设与雨水资源综合利用[M].重庆:重庆大学出版社,

2020.

[15]万强.城市建筑在城市公共空间设计中的重要价值[J].中华建设,2024,(4):89-90.

[16]王光炎,吴迪.建筑工程概论(第2版)[M].北京:北京理工大学出版社,2020.

[17]王胜.建筑工程质量管理[M].北京:机械工业出版社,2021.

[18]王新武,孙犁,李凤霞.建筑工程概论[M].武汉:武汉理工大学出版社,2019.

[19]王占锋.建筑工程计量与计价[M].北京:北京理工大学出版社,2018.

[20]王忠诚,齐亚丽.工程造价控制与管理[M].北京:北京理工大学出版社,2019.

[21]吴兴国.海绵城市建设实用技术与工程实例[M].北京:中国环境出版社,2018.

[22]熊家晴.海绵城市概论[M].北京:化学工业出版社,2019.

[23]薛驹,徐刚.建筑施工技术与工程项目管理[M].长春:吉林科学技术出版社,2022.

[24]尹飞飞,唐健,蒋瑶.建筑设计与工程管理[M].汕头:汕头大学出版社,2022.

[25]于开红.海绵城市建设与水环境治理研究[M].成都:四川大学出版社,2020.

[26]赵国宾.探讨BIM技术在绿色建筑及装配式建筑设计中的应用[J].大众标准化,2024,(6):175-177.